圖解系列

圖解

五南圖書出版公司 印行

# 層級分析法

陳耀茂 / 編著

閱讀文字

理解內容

觀看圖表

圖解讓
層級分析
更簡單

# 自序

　　本書的特色以條列式來說即為：
- ・「使感性科學化」
- ・「單刀直入的解說不明的狀況」
- ・「以競賽感覺來下決策」
- ・「對多樣化的價值觀探求應對之道」

　　對於此種目的頗有助益之方法即為 Saaty 教授（前美國匹茲堡大學教授）所提倡的 AHP（Analytic Hierarchy Process：層級分析法），本書即針對此法加以解說。

　　近來，決策對個人也好、對企業也好，漸漸成為相當重要的課題。因為做錯了決策以致奪走企業壽命的例子屢見不鮮。此種傾向在不透明感愈形濃厚的現代社會中更為強烈。並且，隨著社會的系統化進展，決策的影響比以往更深且廣。決策必須是從複雜交織的要素中慎重的取出來，太單純的斷章取義即有疏忽重要要素之危險，利用太複雜的手法就很難活用在臨機應變之上。有無簡便的方法可以均衡的引進多樣的要素呢？因應此要求所出現的方法即為 AHP。

　　在決策之際，有些可以利用計量化的方法，但有很多是要取決於直覺或靈感，而在嘗試從中找出「最大公約數」的判斷過程中，可按階層圖、一對比較、重要度決定、計算綜合的重要度之步驟加以展開、分析。

　　AHP 是利用階層構造來掌握與決策有關聯的要素。此時不管是對立的概念均可引進，並且尺度不同的要素也可比較。不止如此，就是連難以計量化的感性與喜好也可處理。實際上，人類是在統合這些之後才做決策的。「階層化」與「統合化」的二個過程在 AHP 中擔任重要的功能。此二個過程最近在人工智慧的研究上已被認證是重要的要素。基於此意義，AHP 可以說是對人類的決策構造直接鑽研的方法。一般來說，人對身邊的微妙之處均具有敏銳的感性。不管是味覺也好、時髦感覺也好，「差異的存在是能清楚分辨」的。哲學家巴斯哥（Pascal）──也是一位優秀的數學家──他將此取名為「纖維的精神」，作為人類所具有的最高特性。將如此所說的分析能力，依據階層構造去累積，此點即為 AHP 的特徵。另外，對於人類感性所不及的現象，則建立近似的假說來處

理，或應用計量性的方法。

此手法目前正在美國及世界各地普及應用。與日本以往所使用的稟議制與合議制的想法也有相近的地方，我國引進此方法的基礎相信是很充分的。

讀本書時，請從理解第 I 篇的「基礎」開始。如果讀過一遍，請分析簡單的問題。然後再讀第 II 篇及後面的部分。透過其中所展開的種種事例，想必可以立即理解以遊戲感（game feeling）進行決策的意義。

本書是 AHP 的入門圖解書，簡潔的解說基本，並介紹許多的應用事例，想利用軟體分析，可前往相關網站，下載相關軟體，如 Expert Choice, Power Choice 或 SuperDecisions。

最後，在品管圈活動中對於主題的選定難以取捨的圈員們，建議可參考本書，相信必有助益，並祝學習愉快！

陳耀茂　謹誌於
東海大學企管系所

CONTENTS 目錄

# 第1章
# 基礎篇

　　首先是根據許多的例子來敘述決策問題的特徵，然後引進階層構造。其次，利用一對比較就對象的比重設定進行解說。這是 AHP 的最基礎部分。最後對理論上的背景進行敘述。

本章內容

# 1-1 決策的特徵

　　人的一生有種種的決定。小到每天早上西裝、領帶的選擇，大到升學、就職、結婚、居住問題，均是決策的連續。另外對企業來說，各部門、各階層也面臨著毫無間斷的決策。在濃厚的不透明感籠罩的現在環境之下，決策是極為重要的事件，有不少還是與企業的存在休戚相關。

　　在許多情形裡，我們苦惱的是要從許多的備選之中選出一者的情形。其中之一是因為符合所有評價基準的「最好」是很少的。當面臨選擇這個好呢或是那個好呢？或左或右呢？人也許都基於自己的評價基準來下決定吧！評價基準一般都有複數個，而且相互間具有相反的一面。不妨就幾個例子來看決策的一些情形。

## (1) 金色夜叉

　　日本明治時代作家尾崎紅葉的名作《金色夜叉》，女主角宮子在苦惱之後未選擇優秀出眾的貫一而選擇了資產家之子富山。判斷宮子迷戀於鑽石的貫一，在熱海的海岸責備其變心之餘，自己放棄了學業的道路而以放高利貸為志向。事實上宮子考慮了家庭的事情與貫一的將來而做了想自殺的決定，但此不幸的決策與往後充滿高潮的情節有關，而成了長篇小說，激起全國老弱婦女的關心。

　　透過新派的舞臺與演唱而成為膾炙人口的貫一與宮子的悲劇，以決策的劇情來看時，提供了極為有趣的題材。做決策的主角不得已做了違反自己意思的決策，此種環境在該書中是存在的，明治時代濃厚的反映出此事。認為此故事過於古老的讀者，那麼對以下的例子大概記憶猶新吧。

## (2) 日本歌手聖子的決定

　　聖子與廣見的彆扭，最後在聖子一方的主導下破裂了。佳人的決定在任何的時代似乎都窒礙難行，本例似乎交織著雙親、製作人、唱片公司的期待。對主角本人的決定具有影響力的人物登場之後，在他們的影響力之下談判此點比《金色夜叉》更為現代化。聖子小姐雖然決定了別人而非廣見，讓人覺得有些過分。不過雖然此後她做了別的決定而成為喜劇收場，然而也只有祈求上蒼保佑而已。玩笑之餘接著如果還有意見的話，在《金色夜叉》中貫一在熱海的海岸腳踢宮子，宮子流出悲嘆的眼淚，而經過明治百年後的現代女性已遙遙處於有力的立場，關鍵因素可以說已經逆轉，男人不能再悠哉悠哉囉！

## (3) 東京都知事的決斷

　　接著說東京都當年遷移的過程。在 1984 年年底的時候東京都知事鈴木俊一打算將東京都府址從現在的丸之內遷移到新宿副都心去。可是，隨著都知事（相當於市長）的意向被坊間知道之同時，反對的聲浪有如澎湃般的湧現出來。墨東地區的議員與商圈擔心經濟、文化、政治的地盤會走下坡，銀座的商店街業出現更強烈的反對。

1985 年時間恰巧是都議會選舉年。也有來自自民黨的強烈要求，都知事從 1985 年 2 月底將此問題擱置了下來，並不敢在正式的場合中提出，在 1986 年 7 月的都議員選舉中執政黨勝利之後才再積極開始著手。

於此決定之際，都知事考慮到便利性的提高（打破因狹窄的現行房舍，老朽化的建築與資訊化的延誤以致機能降低），與印象更新（建立 21 世紀都市的基礎），一面推進向新宿遷移，一面計算著傳統（江戶以來對丸之內的鄉愁）與反抗的強度再進行慎重的政策決定。

## (4) 大阪府的改制

除了東京都，日本還會出現第二個「都」嗎？日本大阪府知事（市長）橋下徹以政治生命做賭注的廢市建都公投案，遭大阪市民否決。所舉行的「廢市」公投，決定是否要把大阪市與大阪府整併成「大阪都」，是日本歷來最大規模公投，210 萬 4076 名 20 歲以上市民有投票權，投票率達 66.83%，創大阪市近 10 年各選舉的最高。據日本放送協會（NHK）開票結果，反對票 50.4%，以 1 萬餘票些微差距擊敗 49.6% 贊成票，明確否定橋下徹最重要的政策。

大阪府下轄 33 市，大阪市與土界市為「政令指定市」（類似臺灣的省轄市），享有很大自主權。橋下徹於 2011 年大阪府知事任內，即積極推動大阪都構想；主張將政令指定市併入府，大阪市 24 個行政區則簡化為 5 個人口 34 至 69 萬不等的特別行政區，設立民選區長與區議會，職司當地醫療、社福、教育等服務。大阪市與大阪府各自掌管的基礎建設、發展策略、產業政策等將統歸大阪都掌理，避免府市行政疊床架屋。

日本第二大城大阪有意轉變，可能與某種認同危機有關。數百年前大阪是全日本最大、最富裕的商業中心，但統治日本超過 250 年的德川幕府垮臺、1868 年明治維新後，大阪逐漸走下坡。皇室遷到京都，後來又移往東京，東京在日本快速現代化之際成為新首都。將「府」和「市」合併並非日本歷史首例，現在的東京都即是二戰前由當時的東京府和東京市合併而成，這也是「大阪都」構想的參考對象。

## (5) 話說臺灣總統選舉的變遷

在 1987 年解除戒嚴前的臺灣，即有部分人士主張總統應由人民在臺直選產生。其中，臺灣大學政治系教授兼系主任彭明敏與其學生謝聰敏和魏廷朝於 1964 年共同起草《臺灣自救運動宣言》，主張「遵循民主常軌，由普選產生國家元首。」三人隨即遭逮捕，以「叛亂罪嫌」起訴，並判處有期徒刑。

李登輝於 1988 年 1 月繼任總統後，蔣家政權結束，臺灣人首次出任國家元首，民主化呼聲日益高漲，1990 年由萬年國會選舉總統時引發三月學運，加上 1994 年首度民選「臺灣省省長」引發的葉爾辛效應，中華民國在 1991 和 1992 年完成國會議員全面改選後，開始推動總統及副總統在臺灣之公民直接選舉與罷免。

1992 年 3 月，民進黨及無黨籍國代合組「總統直選聯盟」，向政府高喊「總統直選」。4 月，第 2 屆國民大會在中山堂集會，民進黨代表拉布條要求總統直選。4 月 19 日，黃信介、許信良、施明德與林義雄等人率領數萬群眾遊行與靜坐要求總統直選，歷經三天兩夜在臺北車站等地前的街頭抗爭，施明德因「四一九遊行」被以違反「集會遊行法」判拘役 50 日。幾經折衝後於 1995 年修改並凍結部分憲法，而於選舉總統和副總統時適用《中華民國憲法增修條文》，一改先前由國民大會代表間接選舉的方式，亦使民選總統與行政院長之權責關係，類似法國的第五共和之雙首長制。

1996 年 3 月 23 日，於臺灣、澎湖、金門與馬祖舉行之總統直接選舉首次辦理，從此之後我國憲政開啓了新紀元。直至今日臺灣已歷經數次的總統選舉，若當初並無民運人士的努力，今日臺灣恐非是言論自由、主權在民的自由民主國家了。

## (6) 選車

今考慮購買新車的情形。擬從 A 車、B 車、C 車之中來決定，評價基準浮現腦海中的是價格、燃料費、舒適感、車的等級（身分象徵）。假定選取最低廉的「價格」時，就必須放棄「車級」與「舒適感」。反之重視「車級」的話，那麼「價格」就不行太介意。當然，問題是兩邊要保持均衡。因之這反映了選擇車子當事人的價值觀。而且「價格」或「燃料費」的項目透過目錄即可利用客觀的數字加以比較，相對的「舒適感」、「車級」或「形式的好壞」等，怎麼說都是主觀的價值基準，包含了模糊不清的要素。亦即，要注意的是在價值基準的項目之間，它的優先順位決非能以客觀的數字來表現的。畢竟這是取決於該人的主觀性的價值觀。而且，許多的決策是基於主觀的評價基準來進行的。

但是「價格」或「燃料費」雖可透過目錄進行客觀性的比較，即使如此也仍需要進行主觀性的判斷。譬如，對於編列 100 萬元預算的人來說，110 萬元的車子感覺到價錢太高，相對的 90 萬元的車子與 100 萬元就不會感覺到有多少差異。10 萬元的差異是多或是少呢？依買方的直覺而有很大的差異。此種差異在決策時也是重要的要素。

## (7) 資產的運用

與錢的關係是人一生割捨不掉的。愈是在不透明的社會之中，人們對它的運用愈是傷腦筋。本例與前例在本質上的不同地方是分散性的投資到複數個對象。此時基準的項目是什麼呢？一般所想到的是「安全性」、「利率」、「變現容易性」、「通貨膨脹的貨幣貶值」、「老後的保證金」等。由於對一切均能拿手的資產運用法並不存在，因之從「各種存款」、「股票」、「黃金」、「保險」等之中去選擇複數個對象，此稱為「投資組合」（Portfolio）。將什麼放入投資組合中，要投資多少均是問題所在。此處即反映出該人的性格與價值基準。同時，合乎某目的的最適投資組合是否存在也是問題所在。

以下就身邊的例子來考察看看。

# Note

# 1-2 層級的構造

　　如前節所說明，關於決策首先是存在有「問題（Goal）」，接著是有幾個成為最終選擇對象的「替代案（Alternatires）」。為了從替代案之中選出一個，在兩者之間存在著「評價基準（Criteria）」[註1]。以圖解的方式可以表示成如下。

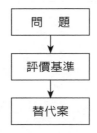

　　今具體的說明選定新車的情形。如以下圖 1.1 之說明。

　　此種表現法一般稱為層級構造（階層圖），本書使用此構造作為基本工具。

　　對於此圖的意義或許用不著說明，如將「問題」加以分解時，可歸結於四個「評價基準」，接著從各基準比較檢討「備選車」以連結上下之線來表示。評價基準或替代案的數目增多時，連結上下之連線就會變多而變得不容易看，因之，即有表示成圖 1.2 的情形，它的意義是與圖 1.1 相同的。

　　其次，將幾個例子表示在圖 1.3～圖 1.9 之中，因之請及早習慣此種表現法。另外，各位不妨將各自的問題整理成此圖形看看。

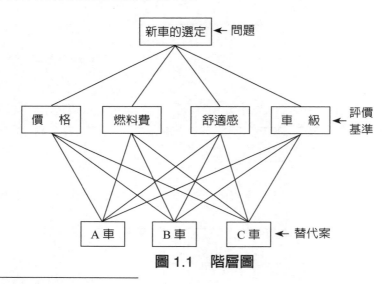

圖 1.1　階層圖

---

[註1]　評價基準（Criteria）也稱之為準則。

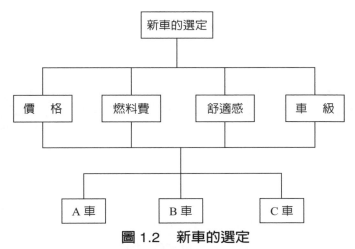

**圖 1.2　新車的選定**

註：這是前節例子的階層圖。擬從 4 個評價基準來評價車子。

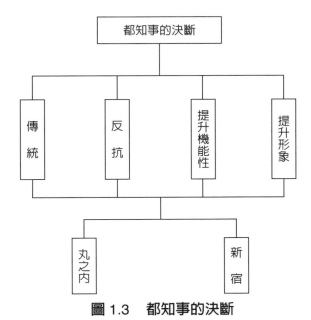

**圖 1.3　都知事的決斷**

註：這是前節例子的階層圖。擬從 4 個基準來評價選址是丸之內與新宿。

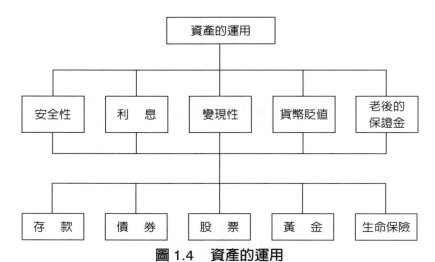

**圖 1.4 資產的運用**

註：這是前節所說明例子的階層圖

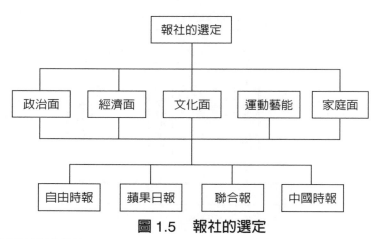

**圖 1.5 報社的選定**

註：擬評價各報社的特色

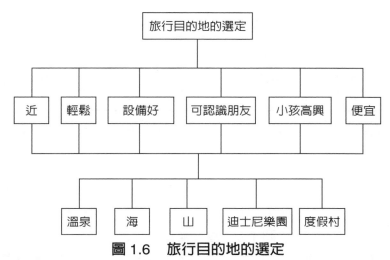

**圖 1.6　旅行目的地的選定**

註：依據 6 個評價基準比較 5 個備選地點的階層圖

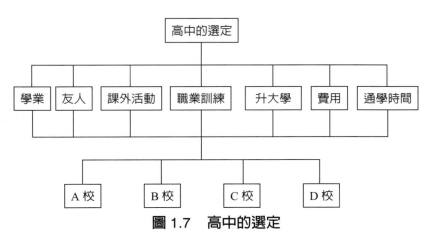

**圖 1.7　高中的選定**

註：列舉出決定升學對象時考慮的要素

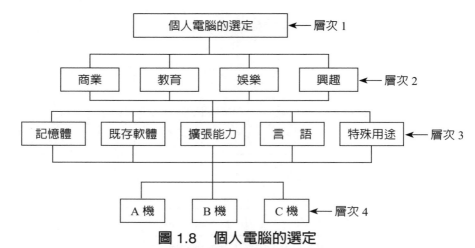

**圖 1.8 個人電腦的選定**

註：階段數較前面的例子還多，階層加深。譬如，將層次 2 的項目「商業」再細分時，即有如層次 3 的評價基準項目。

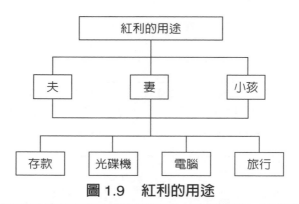

**圖 1.9 紅利的用途**

註：從夫、妻、小孩三位利害不同立場來考察紅利的用途。三者的影響力關係是問題所在。

# Note

# 1-3 一對比較

　　階層構造形成時，即對各層次的評價項目進行一對比較。相對比較可反映出該人的價值觀。試以車子的情形來考慮看看。此處有四個評價基準，分別是「價格」、「燃料費」、「舒適感」、「車級」。首先是「價格」對「燃料費」的比較。比較時請參考表 1.1 所說明的數值。

　　譬如，比較「價格」與「燃料費」，對於將價格的低廉看成比燃料費的合算稍為重要的人來說，此值設為「3」，並記到表 1.2 的「價格」與「燃料費」的交點空格中。

表 1.1　一對比較值

| 一對比較值 | 意義 |
|---|---|
| 1 | 兩項目約同樣重要 |
| 3 | 前項目較後者稍為重要 |
| 5 | 前項目較後者重要 |
| 7 | 前項目較後者相當重要 |
| 9 | 前項目較後者絕對性的重要 |
| 2, 4, 6, 8 | 用於補間 |
| 上面數值的倒數 | 由後面的項目看前面的項目時所使用 |

表 1.2

| ↗對 | 價格 | 燃料費 | 舒適感 | 車級 |
|---|---|---|---|---|
| 價　　格 | | 3 | | |
| 燃料費 | | | | |
| 舒適感 | | | | |
| 車　級 | | | | |

　　其次，在「價格」與「舒適感」方面，假設重視價格。此時空格的值當作「5」。此外，在「價格」與「車級」方面，假設相當重視價格。此時在價格與車級的交點空格內記入「7」。「價格」對「價格」的交點當然是記入「1」。如此表 1.3 的「價格」的橫欄空格均記入完成。在「價格」的縱欄空格內，則記入橫欄數值的倒數。亦即，「燃料費」對「價格」則是「1/3」，「舒適感」對「價格」是「1/5」，「車級」對「價格」是「1/7」。如此完成表 1.3 的「價格」的縱欄。接著是燃料費的橫欄。對於「燃料費」與「燃料費」的交點空格當然記入「1」。「燃料費」對「舒適感」假定

燃料費視為優先，則記入「5」。「燃料費」對「車級」，假定燃料費遙遙優先於「車級」，則記入「7」。如此完成了「燃料費」的橫欄。如果如此決定的話，那麼將其數字的倒數記入到縱欄內。如此完成表 1.4。

表 1.3

| ↗對 | 價格 | 燃料費 | 舒適感 | 車級 |
|---|---|---|---|---|
| 價　格 | 1 | 3 | 5 | 7 |
| 燃料費 | 1/3 | | | |
| 舒適感 | 1/5 | | | |
| 車　級 | 1/7 | | | |

表 1.4

| ↗對 | 價格 | 燃料費 | 舒適感 | 車級 |
|---|---|---|---|---|
| 價　格 | 1 | 3 | 5 | 7 |
| 燃料費 | 1/3 | 1 | 5 | 7 |
| 舒適感 | 1/5 | 1/5 | | |
| 車　級 | 1/7 | 1/7 | | |

最後評價「舒適感」對「車級」。舒適感如果稍為優先的話，則當作「3」。將其倒數記入到縱軸內。如此完成了「舒適感」的橫欄、縱欄。於是完成了表 1.5 的一對比較表。雖然此表反映了評價者的價值基準，而此人的喜好大概就是價格低廉而且燃料費合算的車子吧。

相反的，重視「車級」與「舒適感」的人，它的一對比較表的例子說明在表 1.6 中。各位讀者不妨將自己的喜好記入到下面的表 1.7 之中看看。

表 1.5

| ↗對 | 價格 | 燃料費 | 舒適感 | 車級 |
|---|---|---|---|---|
| 價　格 | 1 | 3 | 5 | 7 |
| 燃料費 | 1/3 | 1 | 5 | 7 |
| 舒適感 | 1/5 | 1/5 | 1 | 3 |
| 車　級 | 1/7 | 1/7 | 1/3 | 1 |

表 1.6　將重點放在車級與舒適感的一對比較

| ↗對 | 價格 | 燃料費 | 舒適感 | 車級 |
|---|---|---|---|---|
| 價　格 | 1 | 1 | 1/3 | 1/5 |
| 燃料費 | 1 | 1 | 1/5 | 1/7 |
| 舒適感 | 3 | 5 | 1 | 1/3 |
| 車　級 | 5 | 7 | 3 | 1 |

表 1.7　你的喜好

| ↗對 | 價格 | 燃料費 | 舒適感 | 車級 |
|---|---|---|---|---|
| 價　格 | | | | |
| 燃料費 | | | | |
| 舒適感 | | | | |
| 車　級 | | | | |

那麼，將前面的作業加以整理。

(1) 製作評價項目對評價項目的二元表（此表稱為矩陣表，橫向稱為列，縱向稱為行）。

(2) 依據表 1.1 的一對比較值，將數值記入到表的空格內。此時如果某空格已記入數值時，將它的倒數記到相反位置的空格內。

## 《記入上應注意》

此數值的決定畢竟是一對項目的比較，所以不需要透視全體來決定。開始進行時只顧全體的整合性，正確的感覺恐有無法發揮之嫌。一定要專心於二個項目的比較。如此一來利用後面說明的計算，整體上的重要度即可求得。

# Note

# 1-4 比重的決定

以汽車爲例來說明。具有表 1.5 所表示的一對比較值的人是打算要購買低廉車的。從此表到底要如何評價各基準項目所具有的比重呢？

計算此比重有二種方式。第一種方式是考慮到手中持有函數用的計算器（以下簡稱「函數計算器」）的人所使用，第二種方式是考慮到持有個人電腦的人所使用的。利用後者的方式所計算的數值則有比較高的可靠性，此處就第一種方式作爲它的近似計算來說明。關於第二種方式與 AHP 的數學原理均留在基礎篇的第 10 節以後來說明。AHP 與一對比較矩陣的特徵值問題有關。關於特徵值的求法請參考相關書籍。

## 《第一種方式（函數計算器）》

將表 1.8 的一對比較表上的橫向數字取其幾何平均。亦即，將橫向排列的四個數字相乘計算它的四次方根。其計算使用「函數計算器」。將如此所求得的四個幾何平均相加（縱向合計爲 5.93）。以此值除各幾何平均值，其結果即爲各評價項目的比重。由於全體的和爲 1，因之 100 倍即表示百分比。亦即此人購買車子對價格所考慮的比重爲 54%，燃料費的比重爲 31%，舒適感爲 10%，車級爲 5% 左右。此即將該人的價值觀以數字來表現。

### 表 1.8 比重的計算

| 對 | 價格 | 燃料費 | 舒適感 | 車級 | 幾何平均（將橫向的數字相乘再取 4 次方） | 比重 |
|---|---|---|---|---|---|---|
| 價格 | 1 | 3 | 5 | 7 | $\sqrt[4]{1\times3\times5\times7}=3.20$ | 3.20/5.93 = 0.540 |
| 燃料費 | 1/3 | 1 | 5 | 7 | $\sqrt[4]{\frac{1}{3}\times1\times5\times7}=1.85$ | 1.85/5.93 = 0.312 |
| 舒適感 | 1/5 | 1/5 | 1 | 3 | $\sqrt[4]{\frac{1}{5}\times\frac{1}{5}\times1\times3}=0.59$ | 0.59/5.93 = 0.099 |
| 車級 | 1/7 | 1/7 | 1/3 | 1 | $\sqrt[4]{\frac{1}{7}\times\frac{1}{7}\times\frac{1}{3}\times1}=0.29$ | 0.29/5.93 = 0.049 |

綜向合計　　5.93

《例題》 試從表 1.6 的一對比較表計算各項目的比重。

（答）第一方式：

如下表，「車級」與「舒適感」的比重較高。

| 對 | 價格 | 燃料費 | 舒適感 | 車級 | 幾何平均 | 比重 | |
|---|---|---|---|---|---|---|---|
| 價 格 | 1 | 1 | 1/3 | 1/5 | 0.508 | 0.090 | 價 格 9% |
| 燃料費 | 1 | 1 | 1/5 | 1/7 | 0.411 | 0.073 | 燃料費 7% |
| 舒適感 | 3 | 5 | 1 | 1/3 | 1.495 | 0.266 | 舒適感 27% |
| 車 級 | 5 | 7 | 3 | 1 | 3.201 | 0.570 | 車 級 57% |

綜向合計　5.615

### 知識補充站

　　決策問題不僅發生在個人，甚至於社會團體、地方政府及中央政府等機關，隨時都面臨各式各樣的決策問題。個人的決策可以用經驗的判斷與主觀的決定，所影響的層面只是個人或家庭；而政府機構的決策則不然，影響的層面至廣且深，因此決策者（群體）需有「履薄冰、臨深淵」的戒懼，利用科學方法進行評估，並做成決策。

　　AHP 法的理論簡單，同時又甚具實用性，因此自發展以來，已被各國研究單位普遍應用；國內從 Saaty 第一本專著出版後開始引進，至今已普遍應用。

# 1-5 比重的綜合化

我們的目的是決定 A 車、B 車、C 車的哪一種車子好呢？此處與它的作業有關。以前節的結論來說各評價項目的比重分別是「價格」54%，「燃料費」31%，「舒適感」10%，「車級」5%。因此按各評價項目進行 A 車、B 車、C 車的比較。該方法與前節相同。首先就「價格」比較 A 車、B 車、C 車。表 1.9 即為它們的比較。價格較低者獲得較高的評價值。如比較 A 車與 B 車時，B 車只高一點，因之在空格中填入「2」。A 車與 C 車兩者之中 C 車稍高些，因之當作「3」，B 車與 C 車之中，C 車只高一些，因之當作「2」。根據此一對比較表以第一種方式計算各車的比重時，知對於價格來說 A 車、B 車、C 車所具有的比重，分別為 0.54，0.30，0.16。當然比重愈大愈好。對「燃料費」、「舒適感」，「車級」進行相同的比較，所得出之表分別為表 1.10、表 1.11、表 1.12。

接著由這些進行比重的綜合評價。因之將 A 車、B 車、C 車的各評價項目的得分（比重）整理成一個表看看（表 1.13）。

### 表 1.9　有關「價格」的各車評價

| 價格 | A 車 | B 車 | C 車 | 幾何平均 | 比重 |
|------|------|------|------|----------|------|
| A 車 | 1 | 2 | 3 | $\sqrt[3]{1 \times 2 \times 3} = 1.817$ | $1.817/3.367 = 0.540$ |
| B 車 | 1/2 | 1 | 2 | $\sqrt[3]{\frac{1}{2} \times 1 \times 2} = 1.000$ | $1.000/3.367 = 0.297$ |
| C 車 | 1/3 | 1/2 | 1 | $\sqrt[3]{\frac{1}{3} \times \frac{1}{2} \times 1} = 0.550$ | $0.550/3.367 = 0.163$ |

縱向合計　3.367

### 表 1.10　有關「燃料費」的各車評價

| 燃料費 | A 車 | B 車 | C 車 | 幾何平均 | 比重 |
|--------|------|------|------|----------|------|
| A 車 | 1 | 1/5 | 1/2 | $\sqrt[3]{1 \times \frac{1}{5} \times \frac{1}{2}} = 0.464$ | $0.464/4.394 = 0.106$ |
| B 車 | 5 | 1 | 7 | $\sqrt[3]{5 \times 1 \times 7} = 3.271$ | $3.271/4.394 = 0.744$ |
| C 車 | 2 | 1/7 | 1 | $\sqrt[3]{2 \times \frac{1}{7} \times 1} = 0.659$ | $0.659/4.394 = 0.150$ |

縱向合計　4.394

## 表 1.11 有關「舒適感」的各車評價

| 舒適感 | A 車 | B 車 | C 車 | 幾何平均 | 比重 |
|---|---|---|---|---|---|
| A 車 | 1 | 3 | 2 | 1.817 | 0.540 |
| B 車 | 1/3 | 1 | 1/2 | 0.550 | 0.163 |
| C 車 | 1/2 | 2 | 1 | 1.000 | 0.297 |

縱向合計 3.367

## 表 1.12 有關「車級」的各車評價

| 車級 | A 車 | B 車 | C 車 | 幾何平均 | 比重 |
|---|---|---|---|---|---|
| A 車 | 1 | 1/2 | 1/2 | 0.630 | 0.2 |
| B 車 | 2 | 1 | 1 | 1.260 | 0.04 |
| C 車 | 2 | 1 | 1 | 1.260 | 0.4 |

縱向合計 3.15

## 表 1.13 累計表綜合得分

| | 價格<br>（0.54） | 燃料費<br>（0.31） | 舒適感<br>（0.10） | 車級<br>（0.05） |
|---|---|---|---|---|
| A 車 | 0.540 | 0.106 | 0.540 | 0.2 |
| B 車 | 0.297 | 0.744 | 0.163 | 0.4 |
| C 車 | 0.163 | 0.150 | 0.297 | 0.4 |

　　將此表與各評價項目之比重相乘整理成表 1.14。由此表即可得出綜合性的評價數字。最後將此表的數值橫向相加。即可得出各車的總合得分。此即爲綜合的比重。A車的綜合比重爲 0.39，B 車爲 0.43，C 車爲 0.19，知喜歡的順序依次爲 B 車、A 車、C 車。

## 表 1.14 綜合得分

| | 價格 | 燃料費 | 舒適感 | 車級 | 綜合比重 |
|---|---|---|---|---|---|
| A 車 | .540×.54<br>0.292 | .106×.31<br>0.033 | .540×.10<br>0.054 | .2×.05<br>0.01 | 0.389 |
| B 車 | .297×.54<br>0.160 | .744×.31<br>0.231 | .163×.10<br>0.016 | .4×.05<br>0.02 | 0.427 |
| C 車 | .163×.54<br>0.088 | .150×.31<br>0.047 | .297×.10<br>0.030 | .4×.05<br>0.02 | 0.185 |

# 1-6 對於判斷的整合性如何判定

　　利用一對比較所得到的數值畢竟是二個項目的價值比較，以整體來說是否具有首尾一貫的整體性不得而知。譬如，如有人認為「價格」比「燃料費」重要，「燃料費」比「舒適感」的重要的話，那麼當然他會將「價格」看得比「舒適感」重要，在兩者的一對比較上，如判斷「舒適感」較重要時，就不能不說在判斷上整體欠缺整合性。另外，在設定此種重要性的順序方面，判斷即使是首尾一貫而數值的選法也許會有顯著的偏差。

　　可是，所說的不整合性的程度可根據一對比較表與由此所得到的比重加以調查。試根據表 1.15 來計算判斷的整合度看看。表 1.16 是說明該方法。如使用後面將會說明的矩陣的特徵值，即可更正確的判斷，此處所敘述的方法即為它的近似法。

【步驟 1】將各項目的比重乘上一對比較表 (a) 的縱向數值，做出表 (b)。

## 表 1.15　整合度的計算

| 項目→<br>比重→ | 價　格<br>0.54 | 燃料費<br>0.31 | 舒適感<br>0.1 | 車　級<br>0.05 |
|---|---|---|---|---|
| 價　格 | 1 | 3 | 5 | 7 |
| 燃料費 | 1/3 | 1 | 5 | 7 |
| 舒適感 | 1/5 | 1/5 | 1 | 3 |
| 車　級 | 1/7 | 1/7 | 1/3 | 1 |

(a)

對各比較值乘上比重

| | | | | 橫向合計 |
|---|---|---|---|---|
| 0.54 | 0.93 | 0.5 | 0.35 | 2.32 |
| 0.180 | 0.31 | 0.5 | 0.35 | 1.34 |
| 0.108 | 0.062 | 0.1 | 0.15 | 0.42 |
| 0.077 | 0.044 | 0.033 | 0.05 | 0.204 |

(b)

橫向合計／比重

| |
|---|
| 2.32/0.54 = 4.296 |
| 1.34/0.31 = 4.323 |
| 0.42/0.1 = 4.200 |
| 0.204/0.05 = 4.080 |

和　16.899

平均　16.899/4
　　　= 4.225

(c) 整合度 $= \dfrac{\text{平均} - \text{項目數}}{\text{項目數} - 1} = \dfrac{4.225 - 4}{4 - 1} = 0.075$

【步驟 2】求表 (b) 各橫向數值的合計。

【步驟 3】以比重除它的合計。計算如此所求得之四個值（4.296，4.323，4.200，4.080）的平均。

【步驟 4】利用公式 (c) 得出整合度 0.075。

當一對比較表具有完全的整合性時，此值為 0（其意義容後說明），一般來說其值為正，愈是不整合的表，其值就愈大。

## 表 1.16

| 價格 | A 車 0.540 | B 車 0.297 | C 車 0.163 |
|------|-----------|-----------|-----------|
| A 車 | 1 0.540 | 2 0.594 | 3 0.489 |
| B 車 | 1/2 0.27 | 1 0.297 | 2 0.326 |
| C 車 | 1/3 0.18 | 1/2 0.149 | 1 0.163 |

$$1.623/0.540 = 3.01$$
$$0.893/0.297 = 3.01$$
$$0.492/0.163 = 3.02$$

平均 3.013

$$整合度 = \frac{3.013 - 3}{2} = 0.007$$

| 燃料費 | A 車 0.11 | B 車 0.74 | C 車 0.15 |
|--------|-----------|-----------|-----------|
| A 車 | 1 0.11 | 1/5 0.148 | 1/2 0.075 |
| B 車 | 5 0.55 | 1 0.74 | 7 1.05 |
| C 車 | 2 0.22 | 1/7 0.106 | 1 0.15 |

$$0.333/0.11 = 3.02$$
$$2.34/0.74 = 3.16$$
$$0.476/0.15 = 3.17$$

平均 3.117

$$整合度 = \frac{3.117 - 3}{2} = 0.059$$

它能容許的限度為 0.1，依目的而異可以容許到 0.15 左右。如比它還大時，建議應重新檢討一對比較表。一般將此值以 C.I. 之名表示之。

為了慎重起見，將表 1.9，表 1.10，表 1.11、表 1.12 的整合度表示在表 1.16 中。任一者均比 0.1 小，故知此判斷具有充分的整合性。

表 1.16（續）

| 舒適感 | A 車<br>0.54 | B 車<br>0.16 | C 車<br>0.30 |
|---|---|---|---|
| A 車 | 1<br>0.54 | 3<br>0.48 | 2<br>0.6 |
| B 車 | 1/3<br>0.18 | 1<br>0.16 | 1/2<br>0.15 |
| C 車 | 1/2<br>0.27 | 2<br>0.32 | 1<br>0.3 |

1.62/0.54 = 3

0.49/0.16 = 3.06　平均 3.009

0.89/0.3 = 2.967

$$整合度 = \frac{3.009 - 3}{2} = 0.0045$$

| 車級 | A 車<br>0.2 | B 車<br>0.4 | C 車<br>0.4 |
|---|---|---|---|
| A 車 | 1<br>0.2 | 1/2<br>0.2 | 1/2<br>0.2 |
| B 車 | 2<br>0.4 | 1<br>0.4 | 1<br>0.4 |
| C 車 | 2<br>0.4 | 1<br>0.4 | 1<br>0.4 |

0.6/0.2 = 3

1.2/0.4 = 3　平均 3

1.2/0.4 = 3

$$整合度 = \frac{3 - 3}{2} = 0$$

# Note

# 1-7 如何使用結果

本書的後半部，雖會對各種的應用例說明 AHP 的使用方式，此處就一般的利用法加以敘述。

(1) 如車子的例子所了解的，從幾個的替代案之中可以找出比重（優先度）最高的車子。

(2) 不僅是與最優，也可與次優、次次優以數值比較它們的比重。另外，由表 1.14 按各評價基準可以比較比重與其順位，因之可以進行更深入的檢討。

(3) 汽車經銷商可利用此計算結果。亦即，根據該地區住民的價值感來製作一對比較表，然後計算綜合性的比重，依其比重來匯集各車種的話，對營業活動將會是有利的。

(4) 可以檢核判斷的整合性。未使用所說的方式，光是依據直觀進行決策時，往往流於欠缺整合性的決策。

---

**知識補充站**

對於決策者而言，階層結構有助於對事物的了解，但在面臨「選擇適當方案」時，必須根據某些基準，進行各替代方案的評估，以決定各替代方案的優勢順位（**Priority**），從而找出適當的方案。評估基準必須從技術、科學、社會、經濟及政治等層面來考量，如果僅就單一層面來決定，則將導致錯誤的決策，而錯誤的決策比沒有決策來得更嚴重。AHP 就在這樣的背景下，發展出來一套理論，提供在經濟、社會及管理科學等領域，處理複雜的決策問題。

AHP 發展的目的，就是將複雜的問題系統化，由不同的層面給予層級分解，並透過量化的方法，覓得脈落後加以綜合評估，以提供決策者選擇適當的方案。

# Note

# 1-8 為何利用AHP來判斷是正確的呢？

前面根據一對比較表的數值計算各評價項目的比重。各位讀者之中，相信有許多人會對一對一比較中所使用的 1 到 9 與其倒數的根據抱持懷疑吧。另外，以第一種方式計算比重的理由也還未說明。對於計算法的根據，因為需要若干數學上的準備，擬容後敘述，此處列舉二個例子說明 AHP 的正確性。

## (1) 在物理現象上人類感覺的正確性（根據沙第）

試使用 AHP 根據人類的感覺估計光度此種全然是物理上的現象看看。在寬廣的房間中有光源，離光源起 9 呎、15 呎、21 呎、28 呎的距離（10 呎 = 30.5cm）放置 4 張椅子（圖 1.10）。讓被試驗的人站在光源的地方，以一對比較方式來比較 4 張椅子的光度，使用表 1.1 的數值做出一對比較表。受試者 1 與受試者 2 的一對比較表，表示在表 1.17 與表 1.18 之中。

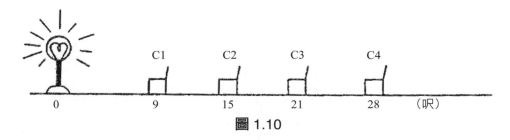

圖 1.10

### 表 1.17　受試者 1 的判斷

| 對 | C1 | C2 | C3 | C4 | 比重（相對的亮度） |
|---|---|---|---|---|---|
| C1 | 1 | 5 | 6 | 7 | 0.61 |
| C2 | 1/5 | 1 | 4 | 6 | 0.24 |
| C3 | 1/6 | 1/4 | 1 | 4 | 0.10 |
| C4 | 1/7 | 1/6 | 1/4 | 1 | 0.05 |

整合度 0.13

## 表 1.18 受試者 2 的判斷

| 對 | C1 | C2 | C3 | C4 | 比重（相對的亮度） |
|---|---|---|---|---|---|
| C1 | 1 | 4 | 6 | 7 | 0.62 |
| C2 | 1/4 | 1 | 3 | 4 | 0.22 |
| C3 | 1/6 | 1/3 | 1 | 2 | 0.10 |
| C4 | 1/7 | 1/4 | 1/2 | 1 | 0.06 |

整合度 0.03

　　根據這些表計算出比重之值（此時 4 張椅子的相對光度）分別表示在各自的表中。表 1.17 的整合度為 0.13 稍為大些，但表 1.18 的整合度為 0.03，判斷是首尾一致。另一方面，試計算 4 張椅子相對光度的理論值看看。

　　此計算須注意光度是與離光源的距離的平方成反比，其值如表 1.19，理論值與表 1.17，表 1.18 的實驗值相比，知非常的吻合。人類的感覺意外地顯示正確的判斷。

## 表 1.19 理論值

| | 距離 | $1 / （距離）^2$ | 相對亮度的理論值 |
|---|---|---|---|
| C1 | 9（呎） | 0.01234 | 0.61 |
| C2 | 15 | 0.004444 | 0.22 |
| C3 | 21 | 0.00227 | 0.11 |
| C4 | 28 | 0.00128 | 0.06 |

## (2) 國力的估計（依據沙第等人）

　　試估計美國、俄國、日本、西德、法國、義大利、中國的國富力看看。這是相當於國民總生產（GNP）的力量。表 1.20 是表示一對比較表。此表的左下方雖是空白，卻是將右上方數字的倒數填入對應的位置中。

　　試根據此一對比較表估計各國的國力看看。將它與 1972 年的 GNP 之值比較者即為表 1.21。由此表知，利用 AHP 來估計可以相當正確的評估國力。

### 表 1.20　一對比較

|  | 美國 | 俄國 | 日本 | 西德 | 法國 | 英國 | 中國 |
|---|---|---|---|---|---|---|---|
| 美國 | 1 | 4 | 5 | 5 | 6 | 6 | 9 |
| 俄國 |  | 1 | 3 | 4 | 5 | 5 | 7 |
| 日本 |  |  | 1 | 2 | 3 | 3 | 7 |
| 西德 |  |  |  | 1 | 3 | 3 | 5 |
| 法國 |  |  |  |  | 1 | 1 | 5 |
| 英國 |  |  |  |  |  | 1 | 5 |
| 中國 |  |  |  |  |  |  | 1 |

### 表 1.21　各國的國力與 GNP 之值

|  | 利用 AHP 的比重 | CNP（1972 年） | | 注 |
|---|---|---|---|---|
|  |  | 額 | 比率 |  |
| 美國 | 0.427 | 1.167×10 億美元 | 0.413 |  |
| 俄國 | 0.230 | 635* | 0.225 | * 俄國的正確值不明 |
| 日本 | 0.123 | 294 | 0.104 |  |
| 西德 | 0.094 | 257 | 0.091 |  |
| 法國 | 0.052 | 196 | 0.069 |  |
| 英國 | 0.052 | 154 | 0.055 |  |
| 中國 | 0.021 | 120** | 0.043 | ** 中國的 GNP 是 74～128×10 億美元 |

整合度 = 0.1

### 練習——挑戰看看——

【問題 1】使用 AHP 透過一對比較求下列五個三角形①，②，③，④，⑤的面積比率。一對比較是以直覺估計兩個三角形面積之比而後進行的。試著只使用 1、2、……、9 與其倒數；以及除這些數值以外使用小數點之數值或 9 以上之數值的兩種情形看看。由數人獨立地實行 AHP，求出它的平均值看看。

（注意）一對比較矩陣的 i 列 j 行之值 $a_{ij}$ 是表示如下的比率。

$$a_{ij} = \frac{三角形 ⓘ 之面積}{三角形 ⓙ 之面積}$$

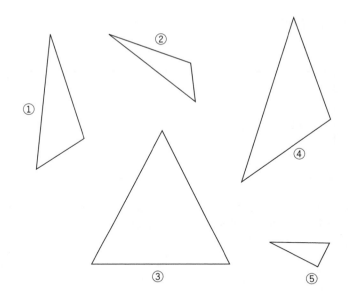

（**解答**）解答之一例（只使用 1, 2, ......, 9 與其倒數之情形）：

一對比較矩陣

| | ① | ② | ③ | ④ | ⑤ | 比率 |
|---|---|---|---|---|---|---|
| ① | 1 | 2 | 1/3 | 1/2 | 4 | 0.149 |
| ② | 1/2 | 1 | 1/6 | 1/4 | 2 | 0.075 |
| ③ | 3 | 6 | 1 | 2 | 9 | 0.452 |
| ④ | 2 | 4 | 1/2 | 1 | 8 | 0.284 |
| ⑤ | 1/4 | 1/2 | 1/9 | 1/8 | 1 | 0.040 |

整合度 = 0.006

正值如下（括號內是解答例之值）：
① 0.1455（0.149）
② 0.0727（0.075）
③ 0.4545（0.452）
④ 0.2909（0.284）
⑤ 0.0364（0.040）

提供正解的一對比較矩陣如下：

|  | ① | ② | ③ | ④ | ⑤ |
|---|---|---|---|---|---|
| ① | 1 | 2 | 0.32 | 0.5 | 4 |
| ② | 0.5 | 1 | 0.16 | 0.25 | 2 |
| ③ | 3.13 | 6.25 | 1 | 1.56 | 12.5 |
| ④ | 2 | 4 | 0.64 | 1 | 8 |
| ⑤ | 0.25 | 0.5 | 0.08 | 0.13 | 1 |

（注意）請注意只使用 1, ......, 9 與其倒數的一對比較，可以估計出相當正確之值。

【問題 2】試使用 AHP 估計下列日本列島的 4 個島的面積比率。

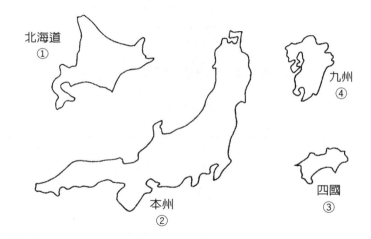

北海道 ①

九州 ④

本州 ②

四國 ③

（解答）解答之一例：

|  | ① | ② | ③ | ④ | 比率 |
|---|---|---|---|---|---|
| ① | 1 | 1/3 | 4 | 2 | 0.22 |
| ② | 3 | 1 | 9 | 6 | 0.61 |
| ③ | 1/4 | 1/9 | 1 | 1/2 | 0.06 |
| ④ | 1/2 | 1/6 | 2 | 1 | 0.11 |

整合度 = 0.003

正解如下：

　①北海道　0.21　（78,100km$^2$）
　②本　　州　0.62　（230,700km$^2$）
　③四　　國　0.05　（18,800km$^2$）
　③九　　州　0.12　（44,400km$^2$）

提供正解的一對比較矩陣如下：

|  | ① | ② | ③ | ④ |
|---|---|---|---|---|
| ① | 1 | 0.34 | 4.20 | 1.75 |
| ② | 2.94 | 1 | 12.4 | 5.17 |
| ③ | 0.24 | 0.08 | 1 | 0.42 |
| ④ | 0.57 | 0.19 | 2.4 | 1 |

（**注意**）由此情形知，光是使用 1, ......, 9 與其倒數，可以估計正確的比率（比重）。

**知識補充站**

依據 Saaty 的說明，建立層級結構具有以下的優點：

(1) 利用要素個體形成層級形式，易於達成工作。

(2) 有助於描述高層級要素對低層級要素的影響程度。

(3) 對整個系統的結構與功能面能詳細的描述。

(4) 自然系統都是以層級的方式組合而成，而且是一種有效的方式。

(5) 層級具有穩定性（Stability）與彈性（Flexibility），也就是說微量的改變能形成微量的影響，同時新層級的加入對一結構良好的層級而言，並不會影響整個系統的有效性。

# 1-9 問卷與其用法

AHP 有個人使用的以及在特定的小組內使用的情形。並且利用問卷向不特定的多數人進行意見調查做成一對比較矩陣的情形也很多。此時，利用數字（1～9，1/2～1/9）讓他們回答一對比較的方法並不能說是好的方法，因為發生了需要說明數學的意義，建議使用如表 1.22 的問卷。

### 表 1.22 問卷

| 比較<br>A 與 B<br>↓ | 1<br>同樣重要 | 2<br>介乎中間→ | 3<br>稍微重要 | 4<br>介乎←→中間 | 5<br>重要 | 6<br>介乎←中間 | 7<br>明顯重要 | 8<br>介乎←中間 | 9<br>絕對重要 |
|---|---|---|---|---|---|---|---|---|---|
| A 之一方 | | | | | | | | | |
| B 之一方 | | | | | | | | | |
| | 1 | 1/2 | 1/3 | 1/4 | 1/5 | 1/6 | 1/7 | 1/8 | 1/9 |

就項目 A 與 B 比較它的重要度，讓他們在相當的欄內填入「✓」的記號。如果，「✓」記號填入 A 的上方（上段）時，則將對應的最上位數字填入一對比較表的列 A 與行 B 的交點上。如果「✓」記號填在 B 的一方（下段）時，將對應的最下位數（分數值）填入 A 列與 B 行的交點上。

# Note

# 1-10 AHP**的理論**

本節就 AHP 的數學上理論與計算法加以說明。

首先請注意 AHP 是以評價項目的重要度（Weight）之「比」來考慮問題的。一般將此種方式稱爲「利用比率尺度」（ratio scale）的評價，AHP 可以說是以利用比率尺度的一對比較爲依據，來決定整體的項目之間的比率尺度之一種方法。

## (1) 一對比較矩陣的性質

今有 n 個評價項目 $I_1$, ......, $I_n$，原本的比重設爲 $w_1$, ......, $w_n$。此時，項目 $I_i$ 與 $I_j$ 之重要度的一對比較值應該滿足如下之關係，即：

$$a_{ij} = \frac{w_i}{w_j} \tag{1}$$

因此，一對比較矩陣 $A = [a_{ij}]$ 形成如下的形式：

$$A = \begin{bmatrix} \dfrac{w_1}{w_1} & \dfrac{w_1}{w_2} & \cdots\cdots & \dfrac{w_1}{w_n} \\[2mm] \dfrac{w_2}{w_1} & \dfrac{w_2}{w_2} & \cdots\cdots & \dfrac{w_2}{w_n} \\[2mm] \vdots & \vdots & & \vdots \\[2mm] \dfrac{w_n}{w_1} & \dfrac{w_n}{w_2} & \cdots\cdots & \dfrac{w_n}{w_n} \end{bmatrix} \tag{2}$$

當然此 A 只在進行理想的評價時才能實現的，通常不會成爲此種形式。可是，這是設想成理想的情形以利於建立理論。試由此 A 的右方，乘上比重的向量看看，其結果如下。

$$\begin{bmatrix} \dfrac{w_1}{w_1} & \dfrac{w_1}{w_2} & \cdots\cdots & \dfrac{w_1}{w_n} \\[2mm] \dfrac{w_2}{w_1} & \dfrac{w_2}{w_2} & \cdots\cdots & \dfrac{w_2}{w_n} \\[2mm] \vdots & \vdots & & \vdots \\[2mm] \dfrac{w_n}{w_1} & \dfrac{w_n}{w_2} & \cdots\cdots & \dfrac{w_n}{w_n} \end{bmatrix} \begin{bmatrix} w_1 \\ w_2 \\ \vdots \\ w_n \end{bmatrix} = n \begin{bmatrix} w_1 \\ w_2 \\ \vdots \\ w_n \end{bmatrix} \tag{3}$$

由此關係式知，比重向量即爲 A 的特徵向量，n 即爲特徵值。而且 n 爲矩陣 A 的最大特徵值。

縱然實際的一對比較矩陣 A 無法期待形成 (2) 的形式，如看成與它近似的形式時，如果 A 的最大特徵值與特徵向量可以求出的話，則它的特徵向量看成用來當作各評價項目的比重應該也是可以的。

因此，實際的一對比較矩陣 A 的最大特徵值一般設爲 $\lambda_{\max}$，特徵向量設爲 $v$。則：

$$v = \begin{bmatrix} v_1 \\ \vdots \\ v_n \end{bmatrix} \tag{4}$$

此時由特徵值與特徵向量的關係知下式是成立的，即：

$$Av = \lambda_{\max} v \tag{5}$$

一般來說：

$$\lambda_{\max} \geqq n \tag{6}$$

此性質可以如下加以證明。如將式 (4) 展開，則：

$$\sum_{j=1}^{n} a_{ij} v_j = \lambda_{\max} v_i \quad (i = 1, \ldots\ldots, n) \tag{7}$$

由此式得：

$$\lambda_{\max} = \sum_{j=1}^{n} a_{ij} \frac{v_j}{v_i} \tag{8}$$

此處使用如下的倒數關係，

$$a_{j1} = 1/a_{ij} \tag{9}$$

將 (8) 式改寫成如下：

$$\lambda_{\max} - 1 = \frac{1}{n} \sum_{1 < i,\, j < n} \left( y_{ij} + \frac{1}{y_{ij}} \right) \tag{10}$$

此處　　$y_{ij} = a_{ij} (v_j / v_i)$ $\tag{11}$
一般 $y_{ij} = 0$，因之：

$$y_{ij} + \frac{1}{y_{ij}} \geqq 2 \tag{12}$$

而且等式只在 $y_{ij} = 1$ 時才成之。
因之，

$$\lambda_{\max} - 1 \geqq \frac{1}{n} \cdot 2 \cdot \frac{n(n-1)}{2} = n - 1 \tag{13}$$

是故下式成立，即：

$$\lambda_{\max} \geqq n \tag{14}$$

而且，對所有的 i，j 來說，只有當：

$$y_{ij} = 1 \tag{15}$$

成立時，亦即當：

$$a_{ij} = \frac{v_i}{v_j} \qquad (16)$$

成立時，(14) 式的等式才成立。

此外，只有在這時候，一對比較值的推移率才成立。亦即，對所有的 i，j，k 而言，下式成立，即：

$$a_{ik} = a_{ij} \cdot a_{jk} \qquad (17)$$

對於一般的矩陣 A 來說，通常此推移率不成立，所以有如下的關係，即：

$$\lambda_{\max} > n \qquad (18)$$

## (2) 最大特徵值與特徵向量的求法

求最大特徵值與特徵向量時可使用乘冪法（power method）。此方法是利用如下性質的，即對矩陣 A 乘上初期向量 $v^{(0)}$ 求出，再對 A 乘上 $v^{(1)}$ 求出 $v^{(2)}$，持續如此操作時，$v^{(k)}$ 逐漸會向最大特徵向量之方向收斂，$v^{(k)}$ 與 $v^{(k+1)}$ 的大小比會向最大特徵值收斂。

## (3) 整合度的評價

矩陣 A 有 n 個特徵值，知其和為 $n$，依式 (14)

$$\lambda_{\max} - n \qquad (19)$$

可以看成是一種指標，用以表示除 $\lambda_{\max}$ 以外的特徵值大小。

由於 $(n - 1)$ 個特徵值具有此指標，所以每一個的平均即為：

$$\frac{\lambda_{\max} - n}{n - 1} \qquad (20)$$

矩陣 A 具有完全的整合性時，此時為 0。如它愈大，不整合性即可看成愈高。因之，此值稱為「整合度」[註2]（consistency index），使用記號 C.I. 來表示。即：

$$\text{C.I.} = \frac{\lambda_{\max} - n}{n - 1} \qquad (21)$$

C.I. 的值如果是 0.1（有時是 0.15）以下時，可視為合格。

接著，準備另一個表示整合度的指標。今將 1/9, 1/8, ......, 1/2, 1, ......, 9 之值，隨機的放入矩陣 A 中（但對角元素為 1，對稱元素成立著倒數關係），多次計算 A 的 C.I.，求出其平均值 $M$，此值如下所示，此值稱為「隨機整合度」。

---

[註2] 　此應稱為不整合度，其值愈小愈好，此處仍沿用整合度之名稱。

| $n$ | 1 | 2 | 3 | 4 | 5 | 6 | 7 | 8 | 9 | 10 | 11 | 12 |
|---|---|---|---|---|---|---|---|---|---|---|---|---|
| $M$ | 0.00 | 0.00 | 0.58 | 0.90 | 1.12 | 1.24 | 1.32 | 1.41 | 1.45 | 1.49 | 1.51 | 1.53 |

將剛剛求出的 C.I. 值除以此 $M$ 之後,其值稱爲「整合比」(consistency rtio),以記號 C.R. 來表示。

$$\text{C.R.} = \frac{\text{C.I.}}{M} \tag{22}$$

C.R. 的值如在 0.1 以下時,當作合格。但是,視狀況也可允許至 0.15 左右。
另外,關於階層圖整體的整合比不妨參看 72 頁。

## (4) 整合性不佳時的處理

如前面所敘述的,當計算一對比較矩陣的各項目的重要度(Weight)時,如果它的矩陣的整合度不好時──具體來說整合度 C.I. 在 0.1～0.15 以上時──必須重新檢討一對比較矩陣之值。對於此種情形,重要度的數值本身恐怕是缺少可靠性之緣故吧,查明哪一對比較之值有違於全體的整合性並非相當簡單,以下的步驟是此種情形的一個對策。試以簡單的例題爲基礎進行說明。

**例題** 以下的一對比較矩陣 $A$ 的各項目的重要度與整合度如下所示。

$$
A = \begin{array}{c|cccc}
 & 1 & 2 & 3 & 4 \\
\hline
1 & 1 & 4 & 6 & 7 \\
2 & 1/4 & 1 & 3 & 8 \\
3 & 1/6 & 1/3 & 1 & 7 \\
4 & 1/7 & 1/8 & 1/7 & 1
\end{array}
\qquad
\begin{array}{ll}
\text{重要度} & \\
0.587 & = w_1 \\
0.245 & = w_2 \\
0.130 & = w_3 \\
0.038 & = w_4
\end{array}
$$

C.I. = 0.15
C.R. = 0.17

C.I.,C.R. 都非常大,知判斷的整合性是值得懷疑的。可按如下步驟檢查。
【**步驟1**】依據所計算的重要度 $w_1$,$w_2$,$w_3$,$w_4$,得出以 $w_i/w_j$ 作爲 $(i, j)$ 成分的矩陣 $W$。

$$
W = \begin{array}{c|cccc}
 & 1 & 2 & 3 & 4 \\
\hline
1 & 1 & 2.40 & 4.51 & \underline{15.45} \\
2 & & 1 & 1.88 & 6.45 \\
3 & & & 1 & \underline{3.42} \\
4 & & & & 1
\end{array}
$$

【步驟 2】比較 A 與 W 的各成分，注意差異較大者（下線部）再重新進行一對比較。結果，假定得出如下的 $W_1$。此次呈現良好的整合性。

| $W_1 = 1$ | 1 | 2 | 3 | 4 | 重要度 |
|---|---|---|---|---|---|
| 1 | 1 | 4 | 6 | 9 | 0.611 |
| 2 | | 1 | 3 | 8 | 0.244 |
| 3 | | | 1 | 4 | 0.106 |
| 4 | | | | 1 | 0.039 |

C.I. = 0.07
C.R. = 0.08

## (5) 由小組決定

以小組為單位使用 AHP 的情形也有。譬如，品管圈、俱樂部或董事會等。像此種情形，構成人員分別實行 AHP，將結果各自提出，經檢討之後提出結論也是一種方式。可是，從小組取得共識此點來看，一對比較之值也是需要以小組來決定。譬如，董事會上各自從個人電腦終端機輸入數值等的情形也是有的。像此種情形構成人員之間往往發生一對比較值不同之情形。只要是各人的立場或價值觀不同就當然會有所不同。雖然匯集成一個數值是可以的，但是怎麼也無法取得同意時可如下加以處理。

以簡單的例子來說明。X 氏、Y 氏、Z 氏就某一共同問題做出一對比較矩陣，如下表所示，有一個部位（下線部）的比較值不同，假定怎麼也無法整理成一個數值。

$$X \text{ 氏} = \begin{pmatrix} 1 & 2 & \underline{5} & 7 \\ & 1 & 2 & 3 \\ & & 1 & 2 \\ & & & 1 \end{pmatrix}$$

$$Y \text{ 氏} = \begin{pmatrix} 1 & 2 & \underline{3} & 7 \\ & 1 & 2 & 3 \\ & & 1 & 2 \\ & & & 1 \end{pmatrix}$$

$$Z \text{ 氏} = \begin{pmatrix} 1 & 2 & \underline{6} & 7 \\ & 1 & 2 & 3 \\ & & 1 & 2 \\ & & & 1 \end{pmatrix}$$

像此種情形，就 3 氏的之數值取幾何平均，亦即，

$$\sqrt[3]{5 \times 3 \times 6} = \sqrt[3]{90} = 4.48$$

如此一來，與此部位對稱的三個數值其幾何平均剛好是上面幾何平均之倒數，亦即

$$\sqrt[3]{\frac{1}{5} \times \frac{1}{3} \times \frac{1}{6}} = \sqrt[3]{\frac{1}{90}} = \frac{1}{4.48}$$

如果取算術平均的話，此種倒數關係一般不成立。在上面的例子中，

$$1/3(5 + 3 + 6) = 4.67$$
$$1/4.67 = 0.214，而$$
$$1/3(1/5 + 1/3 + 1/6) = 0.233$$

對稱位置的數值不成立倒數關係。

　　如 AHP 的理論中所說明的，此方法是以對稱位置的數值具有倒數關係作為前提的，因之算術平均就不合適。

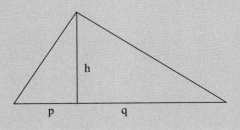

### 幾何平均

k 個數值 $a_1, a_2, ......, a_k$ 的幾何平均為其數值之積的 k 次方根，即：

$$\sqrt[n]{a_1 a_2 ...... a_k}$$

幾何平均數僅適用於正數。

　　在幾何的世界中，直角三角形的高度（h）是底邊，被高截成的 2 條線段長（p 和 q）的幾何平均。

# 1-11 AHP的步驟與實施上的注意

## (1)AHP 的步驟

今將 AHP 的步驟與用語匯總解說。

【**步驟 1**】製作階層圖。

（**解說**）由於是基於階層構造分析問題，因之須製作階層圖。階層圖是由層次、要素（或稱項目）與連結上下要素之聯線所構成的。

上面的要素稱為母要素，下面的要素稱為子要素。階層圖大略可分成如下三種。

(1) 完全型（圖 1.11）：上位水準與下位水準的要素全為母子關係。

(2) 分歧型（圖 1.12）：上位水準的要素與下位水準的要素之間有部分的母子關係。

(3) 短絡型（圖 1.13）：跳過某水準相結合的母子關係。

【**步驟 2**】對各水準的要素，進行與母要素有關的一對比較。然後求出一對比較矩陣的最大特徵值與特徵向量。

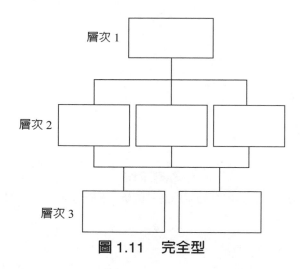

層次 1

層次 2

層次 3

圖 1.11　完全型

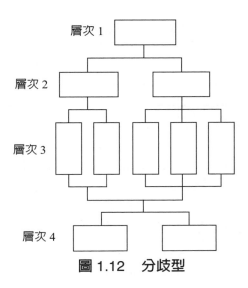

層次 1

層次 2

層次 3

層次 4

圖 1.12 分歧型

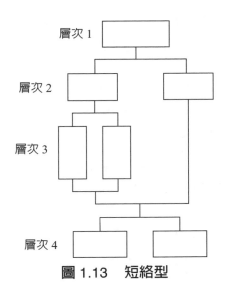

層次 1

層次 2

層次 3

層次 4

圖 1.13 短絡型

表 1.23　一對比較矩陣

| 母要素 | | 子要素 | | | | | | | |
|---|---|---|---|---|---|---|---|---|---|
| | | $I_1$ | $I_2$ | $\cdots$ | $I_i$ | $\cdots$ | $I_j$ | $\cdots$ | $I_n$ |
| 子要素 | $I_1$ | 1 | $a_{12}$ | $\cdots$ | $a_{1i}$ | $\cdots$ | $a_{1j}$ | $\cdots$ | $a_{1n}$ |
| | | | | | | | | | |
| | $I_2$ | $a_{21}$ | 1 | $\cdots$ | $a_{2i}$ | $\cdots$ | $a_{2j}$ | $\cdots$ | $a_{2n}$ |
| | $\vdots$ | $\vdots$ | $\vdots$ | $\ddots$ | $\vdots$ | | $\vdots$ | | $\vdots$ |
| | $I_i$ | $a_{i1}$ | $a_{i2}$ | $\cdots$ | 1 | $\cdots$ | $a_{ij}$ | $\cdots$ | $a_{in}$ |
| | $\vdots$ | $\vdots$ | $\vdots$ | | $\vdots$ | $\ddots$ | $\vdots$ | | $\vdots$ |
| | $I_j$ | $a_{j1}$ | $a_{j2}$ | $\cdots$ | $a_{ji}$ | $\cdots$ | 1 | $\cdots$ | $a_{jn}$ |
| | $\vdots$ | $\vdots$ | $\vdots$ | | $\vdots$ | | $\vdots$ | $\ddots$ | $\vdots$ |
| | $I_n$ | $a_{n1}$ | $a_{n2}$ | $\cdots$ | $a_{ni}$ | $\cdots$ | $a_{nj}$ | $\cdots$ | 1 |

（**解說**）當屬於某母要素的要素設為 $I_1, I_2, \ldots\ldots, I_n$ 時，一對比較矩陣 A 即為 (n×n) 型的矩陣（表 1.23）。A 的成分 $a_{ij}$ 具有如下意義。

$$a_{ij} = （要素\ I_i\ 之重要度）/（要素\ I_j\ 之重要度）$$

此數值原則上使用 1, 2, ……, 9 以及它的倒數。數字的意義如表 1.1 所示。一般具有如下性質，即：

$$a_{ii} = 1$$
$$a_{ji} = 1/a_{ij}$$

接著使用專業程式（MATLAB）或簡便法，求矩陣 A 的最大特徵值 $\lambda_{max}$ 與特徵向量 $v$。特徵向量的成分 $v_i$，係表示要素 $I_i$ 的重要度。以其他的表現方式來說，也有說成比重、優先度、喜好度等。同時根據 $\lambda_{max}$ 求出整合度（C.I.）以及整合比（C.R.），此用以表示一對比較的整合性。這些值如在 0.1～0.15 以上時，重新進行一對比較。

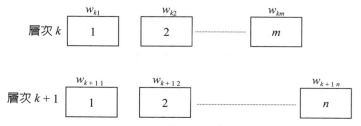

**圖 1.14　重要度的合成**

**【步驟 3】** 基於階層進行重要度的合成。

**（解說）** 按 k = 1, 2, ......, L–1 的順序進行如下操作，並合成重要度。此處 L 表層次的數目。

今假定層次 $k$ 與層次 $k + 1$ 之間有母子關係的要素如圖 1.14 所示。層次 $k$ 的要素 $i$ 的重要度設為 $w_{ki}$，另外在步驟 2 所求出的，層次 $k + 1$ 的子要素對母要素 $i$ 的重要度設為 $v_{ij}$，此時可利用：

$$w_{k+1\ j} = \sum_{i=F_j} w_{ki} v_{ij} \quad （F_j \text{ 是 } j \text{ 的母要素的集合}） \tag{1}$$

求層次 $k + 1$ 的要素 $j$ 的合成重要度，但是此計算方式可如下加以整理。

如設：

$$w_k = (w_{k1}, ......, w_{km}) \tag{2}$$

$$w_{k+1} = (w_{k+1\ 1}, ......, w_{kn}) \tag{3}$$

$$V = [v_{ij}] \quad (i \in F_j, j \in K_i)$$

$$\quad （K_i \text{ 是 } i \text{ 的子要素的集合}） \tag{4}$$

則：

$$w_{k+1} = w_k V \tag{5}$$

$w_L$ 是表示最終層次的要素（替代案、方案等）其綜合性的重要度。

## (2) 實施上的注意

今就實施 AHP 必須要注意的事項敘述如下。

a. 引進同一層次的要素（項目）採用相互之間獨立性高者（詳細情形參考第四章第 3 節）。

b. 一對比較的對象要素數目，以 7 個為限，至多 9 個。（參見 63 頁）。

c. 對一對比較沒有自信時，可對該值進行敏感度分析（參見 136 頁）。

d. 綜合的重要度通常是表示喜好度，對替代案的喜好程度，則依此值的大小而改變，對於此值之差（原本是應該以比來考慮問題）應該注意並需要處理。1/100 程度之差毫無意義。綜合重要度的判定是實施者進行的最後工作。有時，除非重要度低的要素，再實施 AHP 也是需要的。此乃是 AHP 的多階段性使用。

e. 以圈的方式實施 AHP 時，一對比較值是使用成員之值的幾何平均值。

# Note

# 第2章
# 應用篇

　　從身邊的決策問題到公共的問題，或成為最近話題的決策分析，就各種例子應用 AHP。各問題的所在、決策的難易度、階層構造的設定、一對比較的實施、分析結果的意義、分析的發展等，均是精華所在。

本章內容

# 2-1 工科出身與文科出身的就職選擇

## (1) 開場白

　　每年一到秋天，日本各大學的畢業生都很正經的從事就職活動。有很多學生到了初秋就已經決定好就職對象。那麼學生是如何決定自己的就職對象呢？

　　日本的就業市場是非常獨特的，以新畢業生為對象的就職機會，原則上在畢業時只提供一次。「新畢業生」的勞動市場與「以失業、轉業者」為對象的勞動市場是有所不同的，一般來說一旦學生在此次機會決定了自己的就業對象，幾乎都成為終其一生置身的場所。因之，學生在此生涯時間所下的決策，幾乎是決定他的一生，如此說也不過言。

　　當然，最近就業構造多樣化，以往未曾想過的業種紛紛出現，另外，在學生之中對工作、職業的價值觀也是呈現多樣化的，轉業的情形逐漸的擴散，一個人決定就職的機會大概就不只體驗一次了，可是，現狀裡新畢業生進入勞動市場時，決定就職對象，依然是具有甚大意義的。

　　因應此種傾向與產業界的要求，補充人才的產業呈現熱絡的景象，資訊充滿整個社會。它的利用方法即為問題所在。

## (2) 決定就職對象的動機為何

　　大學生在選擇自己的職業時，最需要重視的不用說必須要考慮自己本身所具有的資質、適性。即使在自己的人生經驗中，假定能夠某種程度的了解自己，那麼到底把價值放在什麼地方來決定就職對象呢？如果問及此事相當不易回答。

　　有些人會以工作有趣、覺得身價不凡，或者可以獲得高薪之理由來選擇吧。或者，父母的意願強烈，老老實實的遵從父母的意願來決定的情形也有。如果光說結論的話，選擇就業對象的基準意外的非常不清，此外即使具有基準，卻慎重的考慮到其他種種的判斷基準而下不了決定的情形也是很多的。這正是人生，體味「前途莫測」的緊張感或許也是非常有趣的。

　　可是，正好如同考慮購買新車一樣，此時會蒐集各種廠商的目錄，比較各式各樣的數據，觀察現狀站在綜合性的視野決定購買的車種。當決定自己的就職對象時，也應該要做如此考慮才行。當然，前面也是基於此種目的而提出了各種的方法。

　　從此種觀點列舉學生在選擇就職對象時所認為最需要考慮的一般性指標，對此使用AHP 手法，思考如何合理的找出學生主觀中具有的就職對象。各個學生為了自己試著使用此方法也是非常有趣的。AHP 有助於提供良好的決策。

## (3) 分析的前提

　　學生在選擇就職對象時，在應選取的判斷基準上，以企業（包含公務員）的特徵來說舉出 7 項指標，對象企業則舉出 3 家。

## 1. 指標

①薪資　②安定性　③將來性　④魅力度　⑤身分　⑥休假自由度
⑦福利保健充實度

## 2. 對象企業

①東京海上火災保險——損保、金融部門
②日本電氣——具有先端技術的製造部門
③公務員——公務、服務部門

指標所列舉的項目是以大多數人所考慮的為主。又對象企業則是各個行業的代表企業。AHP 的實施者是工科系的工科君與文科系的文科君兩位。

此 AHP 的階層圖如圖 2.1 所示。

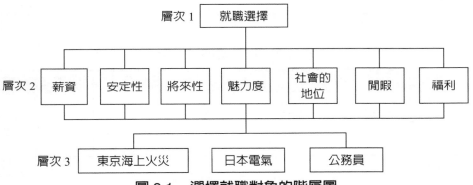

**圖 2.1　選擇就職對象的階層圖**

## (4) 工科君

對企業的將來性與魅力度呈現強烈關心的工科君，對層次 2 的各指標所提供的一對比較值，如表 2.1 所示。

由此表所計算的各指標的重要度，如表 2.1 右端的數字所表示。企業的魅力度、將來性、安定性的比重較高，此三者占全體的 77%，因之此後僅對此三者加以考察。各要素的相對重要度分別為：

$$魅力度 = 0.32/0.77 = 0.42$$
$$將來性 = 0.31/0.77 = 0.40$$
$$安定性 = 0.14/0.77 = 0.18$$

其次就此 3 要素評價各企業，分別為表 2.2，表 2.3、表 2.4。

根據這些值綜合評價 3 家企業的情形，如表 2.5 所示，工科君所喜好的企業依序為日本電氣、東京海上、公務員。其中日本電氣的得分比其他企業都還高，相對的，東京海上與公務員僅少許之差而已。

### 表 2.1　工科君的一對比較與結果

| | 薪資 | 安定 | 將來 | 魅力 | 地位 | 閒暇 | 福利 | 重要度 |
|---|---|---|---|---|---|---|---|---|
| 薪資 | 1 | 1/2 | 1/7 | 1/7 | 3 | 3 | 2 | 0.08 |
| 安定 | 2 | 1 | 1/3 | 1/3 | 5 | 3 | 4 | 0.14 |
| 將來 | 7 | 3 | 1 | 1 | 5 | 5 | 5 | 0.31 |
| 魅力 | 7 | 3 | 1 | 1 | 7 | 5 | 6 | 0.32 |
| 地位 | 1/3 | 1/5 | 1/5 | 1/7 | 1 | 1/5 | 1/5 | 0.03 |
| 閒暇 | 1/3 | 1/3 | 1/5 | 1/5 | 5 | 1 | 2 | 0.07 |
| 福利 | 1/2 | 1/4 | 1/5 | 1/6 | 5 | 1/2 | 1 | 0.05 |

$\lambda_{max}$ = 7.70, C.I. = 0.12, C.R. = 0.08

### 表 2.2　各企業的魅力度

| 魅力度 | 東京海上 | 日電 | 公務員 | 評價值 |
|---|---|---|---|---|
| 東京海上 | 1 | 1/3 | 3 | 0.26 |
| 日本電氣 | 3 | 1 | 5 | 0.64 |
| 公務員 | 1/3 | 1/5 | 1 | 0.10 |

$\lambda_{max}$ = 3.04, C.I. = 0.02, C.R. = 0.03

### 表 2.3　各企業的將來性

| 將來性 | 東京海上 | 日電 | 公務員 | 評價值 |
|---|---|---|---|---|
| 東京海上 | 1 | 1/3 | 3 | 0.26 |
| 日本電氣 | 3 | 1 | 5 | 0.64 |
| 公務員 | 1/3 | 1/5 | 1 | 0.10 |

$\lambda_{max}$ = 3.04, C.I. = 0.02, C.R. = 0.03

### 表 2.4　各企業的安定性

| 安定性 | 東京海上 | 日電 | 公務員 | 評價值 |
|---|---|---|---|---|
| 東京海上 | 1 | 1 | 1/5 | 0.14 |
| 日本電氣 | 1 | 1 | 1/5 | 0.14 |
| 公務員 | 5 | 5 | 1 | 0.71 |

$\lambda_{max}$ = 3, C.I. = 0, C.R. = 0

表 2.5　綜合評價

| 評價項目<br>重要度<br>企業 | 魅力度<br>0.42 | 將業性<br>0.40 | 安定性<br>0.18 | 得分 |
|---|---|---|---|---|
| 東京海上 | 0.26 | 0.26 | 0.14 | 0.24 |
| 日本電氣 | 0.64 | 0.64 | 0.14 | 0.55 |
| 公務員 | 0.10 | 0.10 | 0.71 | 0.21 |

## (5) 文科君的情形

安定志向型的文科君，對於層次 2 的各評價項目所提供的一對比較值與由此比較值所得到的重要度，如表 2.6 所示。

對文科君來說，前面 3 位的評價項目是安定性、將來性、魅力度，僅是這些就占了 79%，因之與工科君之情形相同，僅對以下 3 項目進行作業。3 項目的相對重要度分別為：

$$魅力度 = 0.12/0.79 = 0.15$$
$$將來性 = 0.24/0.79 = 0.30$$
$$安定性 = 0.43/0.79 = 0.54$$

由此 3 個項目所見到的各企業得分與綜合得分，如表 2.7～表 2.10 所示。
由此結果可以判斷文科君是公務員取向型。

表 2.6　文科君的一對比較與結果

| | 薪資 | 安定 | 將來 | 魅力 | 地位 | 余自 | 福利 | 重要度 |
|---|---|---|---|---|---|---|---|---|
| 薪資 | 1 | 1/7 | 1/5 | 1/3 | 3 | 2 | 2 | 0.07 |
| 安定 | 7 | 1 | 5 | 4 | 5 | 5 | 9 | 0.43 |
| 將來 | 5 | 1/5 | 1 | 3 | 7 | 5 | 9 | 0.24 |
| 魅力 | 3 | 1/4 | 1/3 | 1 | 3 | 2 | 8 | 0.12 |
| 地位 | 1/3 | 1/5 | 1/7 | 1/3 | 1 | 2 | 5 | 0.06 |
| 余自 | 1/2 | 1/5 | 1/5 | 1/2 | 1/2 | 1 | 3 | 0.05 |
| 福利 | 1/2 | 1/9 | 1/9 | 1/8 | 1/5 | 1/3 | 1 | 0.02 |

$\lambda_{max} = 7.79$, C.I. $= 0.13$, C.R. $= 0.10$

### 表 2.7　各企業的安定性

| 安定性 | 東京海上 | 日電 | 公務員 | 評價值 |
|---|---|---|---|---|
| 東京海上 | 1 | 3 | 1/3 | 0.26 |
| 日本電氣 | 1/3 | 1 | 1/5 | 0.10 |
| 公務員 | 3 | 5 | 1 | 0.64 |

$\lambda_{max} = 3.04$, C.I. = 0.02, C.R. = 0.03

### 表 2.8　各企業的將來性

| 將來性 | 東京海上 | 日電 | 公務員 | 評價值 |
|---|---|---|---|---|
| 東京海上 | 1 | 1/3 | 2 | 0.25 |
| 日本電氣 | 3 | 1 | 3 | 0.59 |
| 公務員 | 1/2 | 1/3 | 1 | 0.16 |

$\lambda_{max} = 3.05$, C.I. = 0.03, C.R. = 0.05

### 表 2.9　各企業的魅力度

| 魅力度 | 東京海上 | 日電 | 公務員 | 評價值 |
|---|---|---|---|---|
| 東京海上 | 1 | 5 | 1 | 0.45 |
| 日本電氣 | 1/5 | 1 | 1/5 | 0.09 |
| 公務員 | 1 | 5 | 1 | 0.45 |

$\lambda_{max} = 3$, C.I. = 0, C.R. = 0

### 表 2.10　綜合評價

| 評價項目<br>重要度<br>企業 | 安定性<br>0.54 | 將來性<br>0.30 | 魅力度<br>0.15 | 得分 |
|---|---|---|---|---|
| 東京海上 | 0.26 | 0.25 | 0.45 | 0.28 |
| 日本電氣 | 0.10 | 0.59 | 0.09 | 0.24 |
| 公務員 | 0.64 | 0.16 | 0.45 | 0.46 |

### (6) 總結

　　工科君與文科君的選擇企業情形如上，您的情形如何呢？AHP 畢竟是重視個人喜

好性的手法，評價項目的選法與一對比較當然每個人均有不同，又除了本人的意志以外也重視外部的意見時，可在階層圖的層次 1 與 2 之間，加入如下的因素，增加了一段層次之後再實行 AHP 即可。掌握此四者的影響力關係，即為此階層的 AHP。

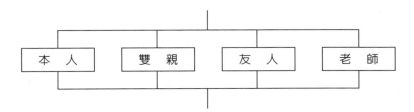

**為何使用1到9的數字與其倒數呢？**

　不使用 1 到 9 而使用 1 到 100 也行。可是 100 與 99 之差在感覺上不易區分。基於此背景以人類所能識別的數字感覺，才使用 1 到 9 與其倒數。即使使用其他的數字，AHP 也可展開同樣的理論，有一說是以人類的感覺所具有的正確性與整合性所能比較的對象，約為 7 級左右。

# 2-2 未婚妻決定模式

## (1) 以電腦選擇結婚對象的時代

在日本新宿的高樓大廈之中，有顯赫一時的巨大企業、尖端企業林立著。在這些企業群之中大放異彩的是，稱之為「兩情相悅系統」的現代型婚姻介紹公司。

年輕的 OL（辦公室女性：Office Lady）與男性上班人員絡繹不絕的為了尋找未來的新郎、新娘來到此處。因此能替我們尋找理想對象的電腦系統正活躍盛行著。現在已經不是大雜院的熱心爺爺、好管閒事的婆婆在皮包中包著相親相片徘徊的時代。

輸入電腦的資訊是身高、體重、職業、學歷、年收入等等。因之，年輕 OL 的理想結婚對象是身高 175cm 以上、身材高駣、健康良好、職業公務員、結婚之後可以不跟雙親住在一起，但雙親最好住在附近可幫忙照料孩子，總之這正是目前的時代。

因此，M 君為了利用電腦選擇合理的新娘，決定攜帶著 AHP 此種強力武器參加看看。此武器與以前的武器不同，可飛躍性的提高性能。以往的武器是在種種的條件之中，譬如當身高達不到擇偶水準時，所面臨的選擇則是「忍受」或「不忍受」兩者中取一而已，相對的 M 君的新武器則透過了安裝「相對比較」的劃時代裝置，打開了「忍受多少」的新世界。

M 君是年輕的男性，並且是獨身，由於有急待解決的事情，因之決定使用此新武器來選擇新娘，取名為「未婚妻決定模式」。

## (2)《阿信》與《航路的標誌》

曾有一部日本連續劇獲得了空前的收視率其劇名叫《阿信》，以及另有一部有過之而無不及堪稱空前絕後收視率的名叫《航路的標誌》[註1]。今從兩部劇情中，決定了三位女性的名字，首先從《阿信》一劇中直截了當的取名「阿信」，從《航路的標誌》一劇中取出「利智子」與「春子」作為第二位、第三位的名字，打算從此三人之中，利用 AHP 的合理原理選出理想的未婚妻。

比較三位女性的要素是資產、知性、容姿以及性格四項。對 M 君所提供的評價，讀者諸君或許眾說紛紜，那也許是 M 君對節目的投入不足才有難以認同的一面吧，但僅管如此，眾說紛紜的常態正是能盡情活用 AHP 的地方。

## (3) 決定未婚妻的過程

接著話題進入未婚妻的選擇吧。對於比較三位女性的四項因素，即資產、知性、容姿以及性格來說，M 君腦海中所想的大概是如下的情形：

・資產──雙親的職業、地位、財產、政治力、女性的職業（薪資）、存款等。

・知性──學歷（出身學校、專長等）、資格、職業（職種）等。

---

[註1]　此劇於 1987 年香港翡翠臺曾播出，劇名稱為《海鷗山盟》。

・容姿──美人、麗人、佳人、中上、普通、中下、醜女、怪相等；身高、三圍（BWH）、流行等。
　・性格──典雅、明朗、體貼、禮儀等。
　身為新娘候選人的「阿信」、「利智子」、「春子」三位，雖分別在富有變異的環境中成長，卻具有光明的個性。
　基於以上事項，將目的、評價基準、替代案作成階層構造化，即如圖 2.2。
　其次，就各評價基準要素，利用一對比較來比較它們的重要度看看。重要度的比重當然是 M 君的主觀認定，與讀者的價值觀或喜好有所不同是理所當然的。
　此處進行了如表 2.11 的重要度比較，將它們加以相對比率化後即為表 2.12。
　此時對 M 君來說，性格的重要度為 0.56，容姿為 0.26，知性為 0.14，此三者約占 0.96。資產與此相比僅占 0.05，其價值幾乎可以忽視。因此，資產除外僅考慮性格、容姿、知性三者。重新計算它們的相對比率，得出如表 2.13 的結果。亦即，性格 = 0.56/0.96 = 0.58，容姿 = 0.26/0.96 = 0.27，知性 = 0.14/0.96 = 0.15。

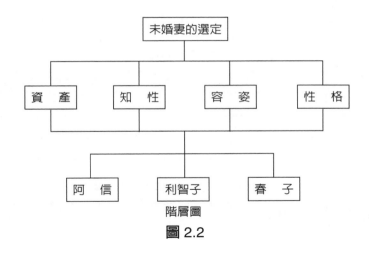

階層圖

圖 2.2

### 表 2.11　未婚妻的選定

|  | 資產 | 知性 | 容姿 | 性格 |
|---|---|---|---|---|
| 資產 | 1 | 1/5 | 1/5 | 1/7 |
| 知性 | 5 | 1 | 1/3 | 1/5 |
| 容姿 | 5 | 3 | 1 | 1/3 |
| 性格 | 7 | 5 | 3 | 1 |

$\lambda_{max}$ = 4.24, C.I. = 0.08, C.R. = 0.09

表 2.12　重要度

|  | 重要度 |
|---|---|
| 性格 | 0.56 |
| 容容 | 0.26 |
| 知性 | 0.14 |
| 資產 | 0.05 |

表 2.13　上位 3 項目的重要度

|  | 重要度 |
|---|---|
| 性格 | 0.58 |
| 容姿 | 0.27 |
| 知性 | 0.15 |

其次針對用來作爲評價基準的性格、容姿、知性，分別比較「阿信」、「利智子」、「春子」的重要度。

此處想要聲明的是對於性格與知性，終究是就 TV 節目中的女主角來考慮，而容姿則相當於「阿信→田中裕子」、「利智子→櫻田淳口」、「春子→澤口靖子」。

結果，得出如表 2.14～表 2.16。

藉著 2 水準的總合化，比較「阿信」、「利智子」、「春子」的結果，即如表 2.17。

表 2.14　有關「性格」的評價

| 性恪 | 阿信 | 利智子 | 春子 | 重要度 |
|---|---|---|---|---|
| 阿信 | 1 | 5 | 1/3 | 0.28 |
| 利智子 | 1/5 | 1 | 1/7 | 0.07 |
| 春子 | 3 | 7 | 1 | 0.65 |

表 2.15　有「容姿」的評價

| 容姿 | 阿信 | 利智子 | 春子 | 重要度 |
|---|---|---|---|---|
| 阿信 | 1 | 1/3 | 1/5 | 0.11 |
| 利智子 | 3 | 1 | 1/3 | 0.26 |
| 春子 | 5 | 3 | 1 | 0.64 |

表 2.16　有關「知性」的評值

| 知性 | 阿信 | 利智子 | 春子 | 重要度 |
|---|---|---|---|---|
| 阿信 | 1 | 1/5 | 1/3 | 0.11 |
| 利智子 | 5 | 1 | 3 | 0.64 |
| 春子 | 3 | 1/3 | 1 | 0.26 |

表 2.17　總分

| 評價基準<br>重要度<br>候補 | 性格<br>0.58 | 容姿<br>0.27 | 知性<br>0.15 | 總分 |
|---|---|---|---|---|
| 阿信 | 0.28 | 0.11 | 0.11 | 0.21 |
| 利智子 | 0.07 | 0.26 | 0.64 | 0.21 |
| 春子 | 0.65 | 0.64 | 0.26 | 0.59 |

## (4) 分析結果與展開

　　透過 AHP，M 君將「春子」決定爲最佳的未婚妻。讀者們的感想如何？

　　在 M 君的分析中，如以上所敘述的說明似乎可以清楚理解他是極爲重視「性格」的。如果是重視「資產」與「知性」的人來分析時，又可得出其他的分析結果。

　　今後「兩情相悅公司」利用引進 AHP 的電腦進行未婚妻的選擇，相信可以造福更多的年輕人。又除了 M 君此次所考慮的要素項目即資產、知性、容姿以及性格之外，仍可多角性的檢討並引進家族關係、職業、過去的交友關係、出身地域、聲音、髮型等的要素，想必可以更爲拓展年輕人內心中所期盼的社會性、公共性高的事業。

### 整數、分數與小數的用法

　　不用 l～9 與其倒數也可使用帶有小數點的數（譬如 4.23）。1～9 可以看成是將這些數四捨五入之後的值。即使如此對結論也不會有太大的影響。請參照第 1 章基礎篇的練習問題（28～31 頁）

# 2-3 購買臺北市近郊的住屋

## (1) 問題所在

聞名世界的大都會臺北市，今日仍是臺灣的政治、經濟、文化、情報等所有面的中心地，其地位愈形重要。其結果就業的機會也多，許多人爲了追求能有工作的機會而集中到臺北來，因之居住就成爲問題所在。

國人擁有家的意向非常強，雖然想住在持有土地的獨棟房屋裡，但是現在臺北市近郊的住宅土地價格非常高昂，通勤方便的不錯地點到底不是我們升斗小民能力所及的。而地價較便宜的地域大多位於遠離業務中心地的地方，通勤又非常的不便。另外，好不容易購買了土地，在那兒所建的房屋，近年來一般都超過千萬元，持有土地的獨棟住宅的夢想可以說愈來愈不可能實現了。

取而代之所考慮的是購買分別出售的公寓。位在通勤非常方便的地點，所需的居住面積能以較低廉的價格求得是其最大魅力之處，但是對於將來的老化對策，以及附帶的產權問題、資產價值的損耗等，也都必須加以考慮才行。

到底應該如何選擇理想的住宅呢？假說有一 30 多歲年輕人，他的家族成員有 4 人，年收入 100 萬元，上班地點在臺北市中心，是一位薪水階級。今從《建築師（住宅）資訊雜誌》所揭載的具體物件取出 5 件，打算使用 AHP 進行檢討。

在選擇具體的物件時，假設了如下的條件：

1. 價格——年收入 100 萬元程度的人假想以 20 年分期償還，房屋價格設爲 2000 萬元左右。
2. 建築面積——以家族 5 人生活所需的面積來說，以 70m² 作爲標準。

又，在這些條件之下，實際所能取得的獨棟住宅全都是中古的，想來也是不得已的。

## (2) 決策的困難度

儘管您喜歡持有土地的獨棟住宅，對於它與通勤的方便性或價格之間要如何保持均衡呢？如果某效用增大就會使另一效用減少，此種取捨關係（Trade-off）由於存在於各要素之間（譬如，就價格、通勤方便性、面積等三要素來考慮時，如果使某一要素的效用增大的話，就必須犧牲其他兩者），只要未受惠於幸運，選擇總是帶著甚大的困難，到底它的結果是否最好也不得而而知，對於此種問題，AHP 可以發揮威力。

## (3) 利用層級來分析

關於住宅的選擇，其階層構造如圖 2.3 所示。

在水準 1 的上方，也可考慮插入家族構成人員，也可斟酌各成員的喜好，此處省略。

物件 A、B、C、D、E 如表 2.18 所示，分別是臺北近郊的公寓與中古房屋。

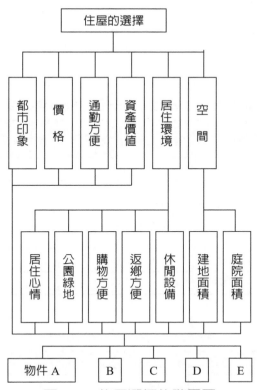

圖 2.3　住居選擇的階層圖

表 2.18　檢討物件

| 物件 | 區分 | 價格（萬元） | 地坪（m²） | 通勤時間 | 使用年數 |
|------|------|------------|-----------|----------|----------|
| A | 公寓 | 2,700 | 70 | 0：30 | 新 |
| B | 獨棟 | 2,400 | 70(170) | 1：20 | 10 |
| C | 獨棟 | 2,900 | 65(170) | 1：10 | 5 |
| D | 公寓 | 2,500 | 70 | 1：00 | 新 |
| E | 獨棟 | 3,150 | 90(170) | 0：50 | 5 |

註：在寬度一欄中，（）之外是指建築面積，（）之內是指土地面積，通勤時間是指到上班地點的所需時間。

## (4) 項目間的一對比較與重要度之決定

首先就層次 1 的 6 項目之間的重要度進行一對比較，其結果如表 2.19 所示，對資產價值的喜好，比其他的項目都小得很多，因之此處省略不予考慮。

其次就層次 2 來考慮。首先是居住環境的喜好，一對比較的結果，如表 2.20 所示。關於居住環境，由於瞭解對返鄉之便與休閒設施的喜好較小，因之略去不考慮。

關於空間的喜好，由於下位的項目僅有建築面積與庭院面積兩者，因之情形簡單如表 2.21 所示。

### 表 2.19　6 項目間的一對比較與重要度

| | 居住環境 | 都市印象 | 價格 | 通勤方便 | 空間 | 資產價值 | 重要度 | 重要修正 |
|---|---|---|---|---|---|---|---|---|
| 居住環境 | 1 | 3 | 3 | 1 | 3 | 7 | 0.32253 | 0.3360 |
| 都市印象 | 1/3 | 1 | 1 | 1/3 | 1/2 | 5 | 0.10973 | 0.1143 |
| 價格 | 1/3 | 1 | 1 | 1/3 | 1/3 | 3 | 0.09194 | 0.0958 |
| 通勤方便 | 1 | 3 | 3 | 1 | 1 | 5 | 0.25017 | 0.2606 |
| 空間 | 1/3 | 2 | 3 | 1/3 | 1 | 3 | 0.18550 | 0.1933 |
| 資產價值 | 1/7 | 1/5 | 1/3 | 1/5 | 1/3 | 1 | 0.04013 | —— |

$\lambda_{max}$ = 6.25, C.I. = 0.05, C.R. = 0.04

### 表 2.20　居住環境的喜好

| | 居住心情 | 公園綠地 | 購物方便 | 返鄉方便 | 休閒 | 重要度 | 重要修正 |
|---|---|---|---|---|---|---|---|
| 居住心情 | 1 | 3 | 3 | 7 | 5 | 0.4742 | 0.5435 |
| 公園綠地 | 1/3 | 1 | 1/2 | 3 | 3 | 0.1604 | 0.1838 |
| 購物方便 | 1/3 | 2 | 1 | 5 | 3 | 0.2379 | 0.2727 |
| 返鄉方便 | 1/7 | 1/3 | 1/5 | 1 | 1 | 0.0580 | —— |
| 休閒 | 1/5 | 1/3 | 1/3 | 1 | 1 | 0.0695 | —— |

$\lambda_{max}$ = 5.11, C.I. = 0.03, C.R. = 0.02

### 表 2.21　空間的喜好

| | 建築面積 | 庭院面積 | 重要度 |
|---|---|---|---|
| 建築面積 | 1 | 3 | 0.75 |
| 庭院面積 | 1/3 | 1 | 0.25 |

$\lambda_{max}$ = 2, C.I. = C.R. = 0

其次就 5 件物件 A～E 進行比重的設定。

## 1.居住環境

分別就居住心情、公園綠地、購物方便比較重要度，其結果如表 2.22～表 2.24 所示。

由以上分析，在居住環境中重要度的累計結果，如表 2.25 所示。

### 表 2.22　有關「居住心情」的評價

| 居住心情 | A | B | C | D | E | 重要度 |
|---|---|---|---|---|---|---|
| A | 1 | 5 | 3 | 1 | 1/3 | 0.2069 |
| B | 1/5 | 1 | 1/3 | 1/5 | 1/7 | 0.0434 |
| C | 1/3 | 3 | 1 | 1/3 | 1/5 | 0.0880 |
| D | 1 | 5 | 3 | 1 | 1/2 | 0.2213 |
| E | 3 | 7 | 5 | 2 | 1 | 0.4404 |

$\lambda_{max}$ = 5.10, C.I. = 0.026, C.R. = 0.023

### 表 2.23　「公園綠地」的評價

| 公園綠地 | A | B | C | D | E | 重要度 |
|---|---|---|---|---|---|---|
| A | 1 | 1/7 | 1/9 | 1/3 | 1/3 | 0.0388 |
| B | 7 | 1 | 1/3 | 3 | 3 | 0.2527 |
| C | 9 | 3 | 1 | 5 | 5 | 0.5120 |
| D | 3 | 1/3 | 1/5 | 1 | 1 | 0.0983 |
| E | 3 | 1/3 | 1/5 | 1 | 1 | 0.0983 |

$\lambda_{max}$ = 5.08, C.I. = 0.02, C.R. = 0.02

### 表 2.24　「購物方便」的評價

| 購物方便 | A | B | C | D | E | 重要度 |
|---|---|---|---|---|---|---|
| A | 1 | 9 | 5 | 3 | 3 | 0.4805 |
| B | 1/9 | 1 | 1/3 | 1/5 | 1/5 | 0.0393 |
| C | 1/5 | 3 | 1 | 1/3 | 1/3 | 0.0846 |
| D | 1/3 | 5 | 3 | 1 | 1 | 0.1978 |
| E | 1/3 | 5 | 3 | 1 | 1 | 0.1978 |

$\lambda_{max}$ = 5.09, C.I. = 0.02, C.R. = 0.02

### 表 2.25　居住環境的綜合評價

| 基準　　　　　重要度<br>物件 | 居住心情<br>0.5435 | 公園綠地<br>0.1838 | 購物方便<br>0.2727 | 總分 |
|---|---|---|---|---|
| A | 0.2069 | 0.0388 | 0.4805 | 0.2506 |
| B | 0.0434 | 0.2527 | 0.0393 | 0.0808 |
| C | 0.0880 | 0.5120 | 0.0846 | 0.1650 |
| D | 0.2213 | 0.0983 | 0.1978 | 0.1923 |
| E | 0.4404 | 0.0983 | 0.1978 | 0.3114 |

### 2. 空間

對於建築面積、庭院面積而言，比較重要度的結果，如表 2.26，表 2.27 所示。
在空間中重要度的累積結果，如表 2.28 所示。

### 3. 都市印象

其評價說明在表 2.29 之中。

### 4. 價格

其評價說明在表 2.30 之中。

### 5. 通勤方便

其評價說明在表 2.31 之中。

### 表 2.26　「建築面積」的評價

| 建築面積 | A | B | C | D | E | 重要度 |
|---|---|---|---|---|---|---|
| A | 1 | 1/3 | 1/3 | 1 | 1/5 | 0.0728 |
| B | 3 | 1 | 1 | 3 | 1/3 | 0.1939 |
| C | 3 | 1 | 1 | 3 | 1/3 | 0.1939 |
| D | 1 | 1/3 | 1/3 | 1 | 1/5 | 0.0728 |
| E | 5 | 3 | 3 | 5 | 1 | 0.4665 |

$\lambda_{max}$ = 5.07, C.I. = 0.02, C.R. = 0.01

### 表 2.27　「庭院面積」的評價

| 庭院面積 | A | B | C | D | E | 重要度 |
|---|---|---|---|---|---|---|
| A | 1 | 1/9 | 1/7 | 1 | 1/5 | 0.0393 |
| B | 9 | 1 | 3 | 9 | 3 | 0.4808 |

表 2.27　「庭院面積」的評價（續）

| 庭院面積 | A | B | C | D | E | 重要度 |
|---|---|---|---|---|---|---|
| C | 7 | 1/3 | 1 | 9 | 1 | 0.2304 |
| D | 1 | 1/9 | 1/9 | 1 | 1/9 | 0.0342 |
| E | 5 | 1 | 1 | 9 | 1 | 0.2152 |

$\lambda_{max} = 5.16$, C.I. = 0.04, C.R. = 0.04

表 2.28　空間的綜合評價

| 基準<br>重要度<br>物件 | 建築面積<br>0.75 | 庭院面積<br>0.25 | 總分 |
|---|---|---|---|
| A | 0.0728 | 0.0393 | 0.0644 |
| B | 0.1939 | 0.4808 | 0.2656 |
| C | 0.1939 | 0.2304 | 0.2030 |
| D | 0.0728 | 0.0342 | 0.0632 |
| F | 0.4665 | 0.2152 | 0.4037 |

表 2.29　「都市印象」的評價

| 都市印象 | A | B | C | D | E | 重要度 |
|---|---|---|---|---|---|---|
| A | 1 | 5 | 7 | 3 | 1/3 | 0.2812 |
| B | 1/5 | 1 | 3 | 1/3 | 1/5 | 0.0695 |
| C | 1/7 | 1/3 | 1 | 1/7 | 1/9 | 0.0320 |
| D | 1/3 | 3 | 7 | 1 | 1/3 | 0.1590 |
| E | 3 | 5 | 9 | 3 | 1 | 0.4582 |

$\lambda_{max} = 5.27$, C.I. = 0.07, C.R. = 0.07

表 2.30　「價格」的評價

| 價格 | A | B | C | D | E | 重要度 |
|---|---|---|---|---|---|---|
| A | 1 | 1/3 | 1 | 1/2 | 3 | 0.1418 |
| B | 3 | 1 | 3 | 1 | 5 | 0.3498 |
| C | 1 | 1/3 | 1 | 1/3 | 3 | 0.1312 |
| D | 2 | 1 | 3 | 1 | 5 | 0.3217 |
| E | 1/3 | 1/5 | 1/3 | 1/5 | 1 | 0.0555 |

$\lambda_{max} = 5.06$, C.I. = 0.014, C.R. = 0.012

表 2.31 「通勤方便」的評價

| 通勤方便 | A | B | C | D | E | 重要度 |
|---|---|---|---|---|---|---|
| A | 1 | 7 | 5 | 4 | 3 | 0.4877 |
| B | 1/7 | 1 | 1/3 | 1/4 | 1/5 | 0.0435 |
| C | 1/5 | 3 | 1 | 1/3 | 1/4 | 0.0809 |
| D | 1/4 | 4 | 3 | 1 | 1 | 0.1781 |
| E | 1/3 | 5 | 4 | 1 | 1 | 0.2098 |

$\lambda_{max} = 5.20$, C.I. = 0.05, C.R. = 0.05

表 2.32 綜合評價

| 基準 重要度 物住 | 居住環境 0.3360 | 都市印象 0.1143 | 價格 0.0958 | 通勤方便 0.2606 | 空間 0.1933 | 重要度 |
|---|---|---|---|---|---|---|
| A | 0.2506 | 0.2812 | 0.1418 | 0.4877 | 0.0644 | 0.2695 |
| B | 0.0808 | 0.0695 | 0.3498 | 0.0435 | 0.2656 | 0.1313 |
| C | 0.1650 | 0.0320 | 0.1312 | 0.0809 | 0.2030 | 0.1320 |
| D | 0.1923 | 0.1590 | 0.3217 | 0.1781 | 0.0632 | 0.1722 |
| E | 0.3114 | 0.4582 | 0.0555 | 0.2098 | 0.4037 | 0.2950 |

## (5) 重要度的累計計算與結果

依據階層將一對比較所得到的重要度累計計算，其結果如表 2.32。

## (6) 分析結果的意義

結果呈現兩極化。亦即，物件 E、A 價格雖少許貴些，但離市中心近的住宅優先權高，以下 D、C、B 離市中心愈遠優先權也就愈低。公寓或獨棟的喜好，「地域印象」可以看出似乎不太有影響，這想來是這些要素已融入價格及其他條件之中的緣故。

因此，對於 30 多歲年輕人來說，年齡也輕，對都會的刺激關心也高，可以認為是反映在此種的結果上。如果慎重地檢討子女的養育條件或有無可能成為將來居住地之可能時，結果或許也會改變。並且，實際上老婆、孩子與其他同居人的意向等也是不能忽視的。

## (7) 分析的展開

本分析中，層次 1 的一對比較最為辛苦。譬如，像價格與居住環境，都市印象與通勤方便，對於次元不同的問題將自己的喜好予以數值化，如果盡力追求更正確，那麼辛苦也就愈大。此後只要知道它是決定優先度的重要要素，就會如此。這似乎不是因為利用 AHP 進行分析即可率直地決定正確的優先權。讓人感覺到有關一對比較的數值其的敏感度分析的需要性。

購買公寓（A）或獨棟建築（E）可以認為是妥當的解答。如果實際上打算購買時，公寓（A）的價格適切是最具魅力的。

此外，其他所能想到的優先度的決定方法「費用／利益分析」，不動產業者進行專門的鑑定手法等，兩者以個人水準來說均不可能做到，最後只好藉助各種的資訊，透過主體者的經驗與直覺來判斷了。AHP 可以認為是在主體者模糊不清時回答的最好方法。

### 對比較的要素數目儘可能在7以下

一對比較的要素數目超過 7 時，一對比較就變得非常的困難。一對比較是在二個要素之間進行，也仍要以整體的規模一面觀察事物一面去實行才行。最好不要超過 9。

無論如何想引進多數的要素時，不妨加以分組較好。然後進行組間的一對比較，在該組的最下層次加入成員，增加一個層次。

# 2-4 T市長的政策決定

## (1) 關於市長的決策

在某大都市裡，T市長是以什麼樣的優先順位採用哪些政策的呢？此時考慮了何種的事情呢？這些均是非常有趣的事情。恐怕他並非只以自己的政治信念來進行行政，實際上他也要考慮議會的意向與大眾傳播、壓力團體、職業工會的反應，甚至連自己的名聲或下期選舉市長時的集票效果等，也要列入考慮來決定政策。雖然是綜合的考慮各種的要素之後來決定政策，但這仍要基於市長自身的經驗與直覺來進行。

此處試使用 AHP 的手法，基於某地方都市的 T 市長的價值判斷，來考察他應施行的政策與它的優先順位吧！

## (2) 決策的困難度

談到 T 市長要進行的政策有很多，對這些可想到種種的波及效果，有許多的顧慮與利害對立等所須考慮的事項。並且資源（預算）當然是有限的，無法實施所有的政策，出現了僅能實施一部分的政策而已。因此，這些施行政策可以說相互之間處於一種取捨關係。

另外，對於政策的採用，並非是從中選一，而是各政策訂有優先順位，希望在預算的容許範圍內依據它們的順位去實行，所以對於性質不同的各政策必須設定重要度的比重。亦即，本問題的困難所在是對於相互之間處於取捨關係的諸多政策，應如何去決定它們的優先順位。T市長希望所做的政策決定是最能反應自己的價值觀。

## (3) 階層構造的分析

以 T 市長的政策來說，如圖 2.4 的層次 3 所表示的有 8 個具體方案，而評價此具體方案的項目如層次 2 所示，假想有 9 個。另外，各政策所需要的預算假定幾乎相同。

## (4) 項目間的一對比較與重要度的決定

表 2.33 是一對比較各項目時的比重，由右方算起第 2 欄是表示各項目的重要度得分。在各項目之中由於「權勢的炫耀」、「提高市級」的得分較低，因之決定不加以考慮。除去 2 個項目之後，接著計算 7 個項目的相對比率，其結果如表的最右欄（修正重要度）所示。

由此結果來看，最重要的項目是「集票效果」（0.334），此與其他的項目有相當的差距是值得耐人尋味的。

## (5) 重要度的累計計算與其結果

從集票效果所見的各政策，其一對比較與其重要度如表 2.34 所示。

同樣，從其他的評價基準所見的各政策，也可計算它們的重要度，此處其計算情形省略，僅表示其計算結果。

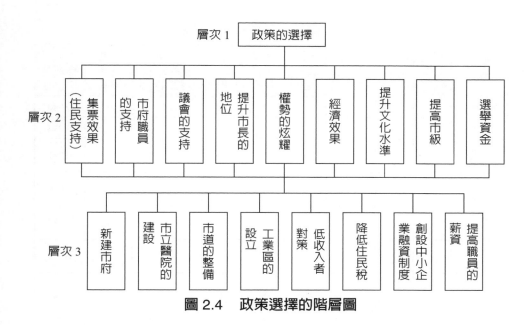

圖 2.4　政策選擇的階層圖

表 2.33　各項目的一對比較與重要度

| | 集票效果 | 市府職員的支持 | 議會的支持 | 提升市長的地位 | 權勢的炫耀 | 經濟效果 | 提升文化水準 | 提高市級 | 選舉資金 | 重要度 | 修正重要度 |
|---|---|---|---|---|---|---|---|---|---|---|---|
| 集票效果 | 1 | 5 | 2 | 5 | 9 | 3 | 5 | 7 | 3 | 0.318 | 0.334 |
| 市府職員的支持 | 1/5 | 1 | 1/3 | 1 | 5 | 1/3 | 1 | 3 | 1/3 | 0.062 | 0.065 |
| 議會的支持 | 1/2 | 3 | 1 | 3 | 7 | 1 | 3 | 5 | 1 | 0.149 | 0.157 |
| 提升市長的地位 | 1/5 | 1 | 1/3 | 1 | 5 | 1/3 | 1 | 3 | 1/3 | 0.062 | 0.065 |
| 權勢的炫耀 | 1/9 | 1/5 | 1/7 | 1/5 | 1 | 1/7 | 1/5 | 1/3 | 1/7 | 0.018 | — |
| 經濟效果 | 1/3 | 3 | 1 | 3 | 7 | 1 | 3 | 5 | 1 | 0.149 | 0.157 |
| 提升文化水準 | 1/5 | 1 | 1/3 | 1 | 5 | 1/3 | 1 | 3 | 1/3 | 0.062 | 0.065 |
| 提高市級 | 1/7 | 1/3 | 1/5 | 1/3 | 3 | 1/5 | 1/3 | 1 | 1/5 | 0.031 | — |
| 選舉資金 | 1/3 | 3 | 1 | 3 | 7 | 1 | 3 | 3 | 1 | 0.149 | 0.157 |

$\lambda_{max} = 9.30$, C.I. = 0.04, C.R. = 0.03

表 2.34　關於「集票效果」的評價

| 集票效果 | 新建市府 | 市立醫院 | 市道的整備 | 工業區的設立 | 低收入者對策 | 降低住民稅 | 創設中小企業的融資制度 | 提高職員薪資 | 重要度 |
|---|---|---|---|---|---|---|---|---|---|
| 新建市府 | 1 | 1/7 | 1/7 | 3 | 1 | 1/3 | 1/5 | 1 | 0.040 |
| 市立醫院 | 7 | 1 | 1 | 9 | 7 | 3 | 3 | 7 | 0.292 |
| 市道的整備 | 7 | 1 | 1 | 9 | 7 | 3 | 1/3 | 7 | 0.292 |
| 工業區的設立 | 1/3 | 1/9 | 1/9 | 1 | 1/3 | 1/7 | 1/7 | 1/3 | 0.019 |
| 低收入者對策 | 1 | 1/7 | 1/7 | 3 | 1 | 1/5 | 1/5 | 1 | 0.038 |
| 降低住民稅 | 3 | 1/3 | 3 | 7 | 5 | 1 | 1 | 5 | 0.135 |
| 創設中小企業的融資制度 | 5 | 1/3 | 1/3 | 7 | 5 | 1 | 1 | 5 | 0.144 |
| 提高職員薪資 | 1 | 1/7 | 1/7 | 5 | 1 | 1/5 | 1/5 | 1 | 0.038 |

$\lambda_{max}$ = 8.27, C.I. = 0.014, C.R. = 0.03

表 2.35　總分順位

| 評價基準　重要度　政策 | 集票效果 | 市府職員的支持 | 議會的支持 | 提升市長的地位 | 經濟效果 | 提升文化水準 | 選舉資金 | 總分 | 順位 |
|---|---|---|---|---|---|---|---|---|---|
| | 0.334 | 0.065 | 0.157 | 0.065 | 0.157 | 0.065 | 0.157 | | |
| 新建市府 | 0.040 | 0.142 | 0.048 | 0.224 | 0.055 | 0.133 | 0.133 | 0.072 | ⑦ |
| 市立醫院 | 0.292 | 0.142 | 0.011 | 0.089 | 0.055 | 0.133 | 0.133 | 0.159 | ② |
| 市道的整備 | 0.292 | 0.032 | 0.048 | 0.224 | 0.237 | 0.048 | 0.282 | 0.172 | ① |
| 工業區的設立 | 0.019 | 0.032 | 0.025 | 0.224 | 0.407 | 0.048 | 0.282 | 0.114 | ④ |
| 低收入者對策 | 0.038 | 0.032 | 0.269 | 0.023 | 0.027 | 0.133 | 0.018 | 0.072 | ⑦ |
| 降低住民稅 | 0.135 | 0.142 | 0.269 | 0.041 | 0.054 | 0.048 | 0.031 | 0.122 | ③ |
| 創設中小企業的融資制度 | 0.144 | 0.142 | 0.113 | 0.089 | 0.122 | 0.133 | 0.061 | 0.113 | ⑤ |
| 提高職員薪資 | 0.038 | 0.334 | 0.113 | 0.089 | 0.050 | 0.327 | 0.061 | 0.092 | ⑥ |

## (6) 分析結果的意義

由以上的分析結果，T市長希望依照如下的順序採行政策。

1. 市區道路的整備
2. 市立醫院
3. 降低住民稅捐
4. 建設工業區
5. 創立對中小企業的融資制度
6. 提高市府職員的薪資
7. 低所得者對策
8. 市政府的新建

此結果對集票效果（住民的支持）的項目有非常大的影響。可是，如果是更重視「經濟效果」與「文化效果」的市長，結論當然也就有所不同。

## (7) 本分析的展開

本分析是對涉及許多領域的幾個具體政策加以比較，事實上還有許多的施行政策，譬如學校、保育所、下水道、老人院的建設與公園、垃圾處理、環境整備等，此處所列舉的只是其中的一部分而已。因此，實際上使用 AHP 的手法對各施行政策決定順位時，或許需要更精確的來進行。

只是所考慮的政策全部同時加以比較來決定重要度也許有不合理之處。如果是如此的話，首先第一階段大略的區分成社會福祉關係、公共投資關係、教育關係，而後進行 AHP 並在預算的範圍內決定順位。第二階段在各自所決定的預算範圍之中，再使用 AHP 的手法來決定各個施行對策（譬如，從社會福祉關係到保育所、老人院、殘障照顧等）的優先順位的方法也可加以考慮。

另外，為了決定政策的優先順位，其他的手法雖可以想到「費用／利益分析」、「費用／有效度分析」等，這些的分析如果不能以相同的數量性尺度表示時是無法實施的，同時列入不同性質的評價基準是很困難的，所以限定了所能使用的範圍，此比 AHP 想來不是有些難以利用了嗎（另外，關於「AHP 的費用／利益分析」，請參考第4章）。

AHP 的情形是將許多不同性質的要素匯集在相同的表上之後即可比較，因之像政策決定的情形想來可發揮甚大的任務。

# 2-5 應該與哪一個國家友好

## (1) 主題的說明

日本雖與臺灣無邦交，但日本應該與哪一個國家有力的結盟友好關係呢？這是自古以來一直是日本外交上的課題。關於此點，日本每日新聞社曾進行過意見調查，將一般人所想的公布如下。此內容是就此後的日本要與哪一國家保持友好關係，對此質問所做的回答，並附上理由。

| | |
|---|---|
| （問）你覺得此後的日本應與哪一國保持最親密的友好關係呢？ | |
| (1) 所有的國家 | 16.3% |
| (2) 美國 | 34.2% |
| (3) 西歐諸國 | 1.3% |
| (4) 俄國 | 1.9% |
| (5) 中國 | 18.7% |
| (6) 韓國 | 0.5% |
| (7) 東南亞諸國 | 0.9% |
| (8) 中東諸國 | 3.2% |
| (9) 大洋洲諸國 | 0.8% |
| (10) 中南美諸國 | 0.3% |
| (11) 非洲諸國 | 0.3% |
| (12) 其他 | 0.2% |
| (13) 不能一概而論 | 6.4% |
| (14) 不知道 | 14.7% |
| 計 | 100.0% |
| （問）（除 (1)，(13)，(14) 外）你認為與此國保持親密友好關係的理由為何？從中選出一者。 | |
| · 因為是石油等資源或糧食農產的國家 | 16.4% |
| · 在安全保障上是重要的國家 | 29.4% |
| · 對該國的國民性保持好感 | 7.9% |
| · 文化、傳統優良的國家 | 4.8% |
| · 在國際上具有影響的發言力 | 12.8% |
| · 此後是有發展潛力的國家 | 12.9% |
| · 在地理上與日本鄰近的國家 | 12.1% |
| · 其他 | 1.7% |
| · 不知道 | 2.0% |
| 計 | 100.0% |

為了利用 AHP 處理此問題，關於評價基準擬決定照樣使用問卷內容。然後，將由 AHP 所得到的結果與問卷調查的結果加以比較僉討。另外，為了使問題單純化，將東歐諸國與俄國除去不加考慮。

## (2) 關於友好關係在決策上的困難

關於「應該與哪一個國家維持親密的友好關係」的問題，應顯示出何種指針才好呢？有的人說該國的將來性，有的人欣賞該國的國民性，有的人著眼於對象國的資源，還有的人迷戀該國的軍事力。

　談到應該選擇哪一個國家的問題，整合性的解答相當不易求出，此即為決定的困難所在。為了克服該困難性，根據前面所記載的表現國民想法的意見調查，針對國民所想的這個問題的邏輯性，使用 AHP 分析看看。

　關於此問題，感情與邏輯的不一致是很明顯的。

## (3) 層級分析

　有關選擇友好關係國家的階層圖，如圖 2.5 所示。

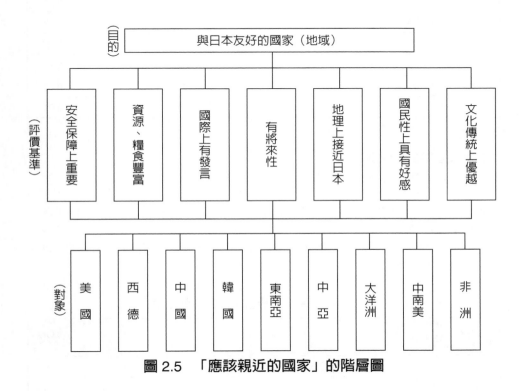

圖2.5　「應該親近的國家」的階層圖

## (4) 項目間的一對比較與重要度的決定

### 1. 總合重要度的決定

　前記 (3) 的 7 個評價基準其比重的決定，如表 2.36 所示，在決定此比重時，參照意見調查中對各評價基準的百分比，相對性的考慮比重的設定，勿使與意見調查之結果相反。

　由此一對比較矩陣求各基準的重要度，即如表 2.36 的右端所示。此時國民性以下由於被認為太小，幾乎可以忽略，因之僅對「安全保障」到「鄰近日本」的五個指標考察，重新計算它們的相對比率。

以下同樣，資源＝0.239，發言力＝0.103，將來性＝0.103，鄰近日本＝0.103。

### 表 2.36　7 個評價基準的比重

| 選定應友好的國家 | 安全保障 | 資源 | 發言力 | 將來性 | 接近日本 | 國民性 | 文化‧傳統 | 重要度 |
|---|---|---|---|---|---|---|---|---|
| 安全保障 | 1 | 3 | 5 | 5 | 5 | 7 | 9 | 0.42 |
| 資源 | 1/3 | 1 | 3 | 3 | 3 | 5 | 7 | 0.22 |
| 發言力 | 1/5 | 1/3 | 1 | 1 | 1 | 3 | 5 | 0.10 |
| 將來性 | 1/5 | 1/3 | 1 | 1 | 1 | 3 | 5 | 0.10 |
| 接近日本 | 1/5 | 1/3 | 1 | 1 | 1 | 3 | 5 | 0.10 |
| 國民性 | 1/7 | 1/5 | 1/3 | 1/3 | 1/3 | 1 | 3 | 0.04 |
| 文化‧傳統 | 1/9 | 1/7 | 1/5 | 1/5 | 1/5 | 1/3 | 1 | 0.02 |

$\lambda_{max}$ = 7.26, C.I. = 0.04, C.R. = 0.03

### 2. 各評價基準的重要度計算

　　針對上記 5 個評價基準，亦即「安全保障」、「資源」、「發言力」、「將來性」、「鄰近日本」分別計算出重要度。其中將「安全保障」與「資源」的內容，分別表示在表 2.37，表 2.38 之中。另外，國名（地域名）分別設為 A ＝ 美國，B ＝ 西歐，C ＝ 中國，D ＝ 韓國，E ＝ 東南亞，F ＝ 中東，G ＝ 大洋洲，H ＝ 中南美，I ＝ 非洲。

　　關於「安全保障」來說，美國與韓國具有重要功能，關於「資源」則依存於美國與中東的機率比較大。

### 表 2.37　關於「安全保障」的評價

| 安全保障 | A | D | C | B | E | F | G | H | I | 重要度 |
|---|---|---|---|---|---|---|---|---|---|---|
| A | 1 | 3 | 5 | 5 | 7 | 7 | 9 | 9 | 9 | 0.379 |
| D | 1/3 | 1 | 3 | 3 | 5 | 5 | 7 | 7 | 7 | 0.219 |
| C | 1/5 | 1/3 | 1 | 1 | 3 | 3 | 5 | 5 | 5 | 0.112 |
| B | 1/5 | 1/3 | 1 | 1 | 3 | 3 | 5 | 5 | 5 | 0.112 |
| E | 1/7 | 1/5 | 1/3 | 1/3 | 1 | 1 | 3 | 3 | 3 | 0.053 |
| F | 1/7 | 1/5 | 1/3 | 1/3 | 1 | 1 | 3 | 3 | 3 | 0.053 |
| G | 1/9 | 1/7 | 1/5 | 1/5 | 1/3 | 1/3 | 1 | 1 | 1 | 0.024 |
| H | 1/9 | 1/7 | 1/5 | 1/5 | 1/3 | 1/3 | 1 | 1 | 1 | 0.024 |
| I | 1/9 | 1/7 | 1/5 | 1/5 | 1/3 | 1/3 | 1 | 1 | 1 | 0.024 |

$\lambda_{max}$ = 9.37, C.I. = 0.046, C.R. = 0.032

表 2.38　關於「資源」的評價

| 資源 | A | F | C | E | G | H | I | B | D | 重要度 |
|------|-----|-----|-----|-----|-----|-----|-----|-----|-----|--------|
| A | 1 | 1 | 3 | 3 | 3 | 5 | 7 | 7 | 9 | 0.258 |
| F | 1 | 1 | 3 | 3 | 3 | 5 | 7 | 7 | 9 | 0.258 |
| C | 1/3 | 1/3 | 1 | 1 | 1 | 3 | 5 | 5 | 7 | 0.118 |
| E | 1/3 | 1/3 | 1 | 1 | 1 | 3 | 5 | 5 | 7 | 0.118 |
| G | 1/3 | 1/3 | 1 | 1 | 1 | 3 | 5 | 5 | 7 | 0.118 |
| H | 1/5 | 1/5 | 1/3 | 1/3 | 1/3 | 1 | 3 | 3 | 5 | 0.057 |
| I | 1/7 | 1/7 | 1/5 | 1/5 | 1/5 | 1/3 | 1 | 1 | 3 | 0.029 |
| B | 1/7 | 1/7 | 1/5 | 1/5 | 1/5 | 1/3 | 1 | 1 | 3 | 0.029 |
| D | 1/9 | 1/9 | 1/7 | 1/7 | 1/7 | 1/5 | 1/3 | 1/3 | 1 | 0.017 |

$\lambda_{max}$ = 9.36, C.I. = 0.045, C.R. = 0.031

## (5) 重要度的累計計算與結果

由一對比較所得到的重要度再依據階層予以累計計算，得出如表 2.39 的結果。

表 2.39　重要度的累計結果

| 國　評價基準　重要度 | 安全保障 0.452 | 資源 0.239 | 發言力 0.103 | 將來性 0.103 | 鄰近國 0.103 | 總分 | 順位 |
|------|------|------|------|------|------|------|------|
| 美　國 | 0.379 | 0.258 | 0.389 | 0.087 | 0.052 | 0.287 | ① |
| 西　德 | 0.112 | 0.029 | 0.231 | 0.041 | 0.023 | 0.088 | ⑥ |
| 中　國 | 0.112 | 0.118 | 0.127 | 0.344 | 0.296 | 0.157 | ② |
| 韓　國 | 0.219 | 0.017 | 0.025 | 0.180 | 0.296 | 0.155 | ③ |
| 東南亞 | 0.053 | 0.118 | 0.059 | 0.180 | 0.167 | 0.094 | ⑤ |
| 中　東 | 0.053 | 0.258 | 0.059 | 0.021 | 0.234 | 0.096 | ④ |
| 大洋洲 | 0.024 | 0.118 | 0.025 | 0.087 | 0.095 | 0.061 | ⑦ |
| 中南美 | 0.024 | 0.057 | 0.059 | 0.041 | 0023 | 0.037 | ⑧ |
| 非　洲 | 0.024 | 0.029 | 0.025 | 0.021 | 0.023 | 0.025 | ⑨ |

## (6) 分析結果的意義

將 (5) 所得到的結果與先前的意見調查之結果相比較，可看出如表 2.40 所示的差異。關於此點的最大理由，可以認為在意見調查中理由與結論之間邏輯上的關聯不明確。亦即，選定具體的國家時，感情、印象極易先入為主，在選擇該國的理由中，可以認為本分析合乎邏輯的緣故吧。

### 表 2.40　AHP 與意見調查的差異

| | 美國 | 中國 | 韓國 | 中東 | 東南亞 | 西德 | 大洋洲 | 中南美 | 非洲 | |
|---|---|---|---|---|---|---|---|---|---|---|
| AHP | ① | ② | ③ | ④ | ⑤ | ⑥ | ⑦ | ⑧ | ⑨ | （順位）|
| | 0.287 | 0.157 | 0.155 | 0.096 | 0.094 | 0.088 | 0.061 | 0.037 | 0.025 | （比較數值）|
| 意見調查 | ① | ② | ⑦ | ③ | ⑤ | ④ | ⑥ | ⑧ | ⑧ | （順位）|
| | 0.342 | 0.187 | 0.005 | 0.032 | 0.009 | 0.013 | 0.008 | 0.003 | 0.003 | （比較數值）|

## (7) 本分析的展開

在本分析中最感到困難的是，評價基準間的比重，以及在各評價基準中各國間的比重。明白的說，不易評價的情形也有，光是此事如果就此主題探討下去時，在資訊不充分之下來判斷是相當不易的問題。

譬如，資源的豐富與國際上發言力的比重，雖然我們設定 3 對 1 的比重，卻讓人覺得有種權宜之感。在「將來性」的評價基準中，對於各國的比重設定也可相提並論，這是要有專門性見識的項目。

可是，對於在給與的資訊之中提出結論此點，以及在選定時可以將選定者的想法加以整理此點，可以看出 AHP 是具有優越性的一面。

另外，由一對比較值進行敏感度分析，該值的變化如何影響結論，其易於瞭解為 AHP 的優點。

**階層圖整體的整合比**

　各個一對比較矩陣的整合度雖以 C.I. 分別計算，而階層圖整體的整合性，可以如下查核。

　步驟 1：將各個的 C.I. 乘上該母要素的重要度，然後以階層圖整體來取總合。其值設為 C。

　步驟 2：由各個一對比較矩陣的大小（n）所決定的隨機整合度（參照 36 頁），乘上該母要素的重要度，然後以階層圖整體來取總合。其值設為 R。

　步驟 3：階層圖整體的整合性 H —— 階層整合比 —— 利用：

$$H = C/R$$

來求。H 之值最好在 0.1～0.15 以下。

# 2-6 國防費用1%問題

## (1) 國防費用的控制

國防費用應該花多少才好呢？提出明確的答案是非常困難的。可是，如果對防衛費放任不管的話，那麼增加到什麼地步就不得而知，以致於造成窮兵黷武，可以說是歷史上顯示的事實。如果防衛費太高時，就會壓迫國家的財政，對國民生活會產生不良的影響。因此，對防衛費就需要有某種的控制了。

如果對 GNP 比是 1% 左右或許比較容易受到國民的支持吧。若與其他國家相比較時，2020 年的美國的國防費用對 GNP 比是 3.4%，中國是 4.0%，而日本的國防費用對 GNP 比是 1%，比率仍相當的低。

關於此 1% 額度，它的增減最近成了政治問題。這是 70 年代後期以後俄國軍在極東增強兵力，美國對日本要求增加防衛力，日美防衛分擔問題，以及聯合國討論日本的任務等，在以上的背景之下才有此問題產生。

此問題今日變成了日美之間的主要懸案事項，也是日本政府的最大政策問題。

## (2)1% 額度之問題的複雜度

1% 額度之問題，由於沒有適當的國防費用基準，因之何種的施行對策是最適當的，其決定是非常困難的，而替代性的政策可以考慮到以下三種方式：

1. 維持現行 1% 額度
2. 提高額度（設定其他的控制）
3. 額度的撤銷

不管採取那一種政策，分別都有問題存在，解決更為困難。這些問題點可以想到有如下幾點：

### 1. 維持現行1%額度之情形

①不能滿足美國對日本要求增加防衛力時，日美關係會惡化。

②與①有關，對日美貿易摩擦的不良影響。

③自民黨內防衛力增強派以及防衛廳制裁組的不滿增加。

### 2. 額度提高之情形

①日蘇關係的惡化與在極東中緊張的激烈化。

②增加東南亞諸國對日本軍國主義化的擔心與關係惡化。

③防衛費的增加會壓迫國內經濟（日本在戰後能顯著復興的原因之一是極力控制防衛費）。

④關於極東的緊張激增增加國民對戰爭的不安。

⑤對自民黨內維持現行 1% 額度之維持派的反擊。

⑥在野黨的反對。

### 3. 額度撤銷之情形

①缺乏國防費用的控制。

②與 2 項有相同之問題點。

　　像這樣存在著許許多多的問題點。當決定政策時，有需要將這些加以整理，並綜合的去判斷。可是，將這些問題數量化，透過分析來判斷是極為困難的。因此，使用 AHP 來做決策想來是極為有效的。

## (3) 層級分析

　　關於國防費用 1% 額度的問題，雖提出種種的問題點，如將前述的問題加以整理，可分類成以下 4 點：

### 1. 國際問題
　　日美關係、日蘇關係、與東南亞諸國的關係以及貿易摩擦等。

### 2. 國內的經濟問題
　　國防費用的增加壓迫了國內經濟，以及缺乏國防費用的控制等。

### 3. 國內的政治問題
　　自民黨內的對立，以及在野黨的反對等。

### 4. 國內的社會問題
　　國防費用的增加對社會保障等之國民生活關聯預算造成了壓迫，增加國民的不滿，以及對戰爭的不安等。

　　從以上 4 個問題點列舉了 4 項評價基準。

①日本周遭的國際關係的安定度。

②國內的經濟上的富裕度。

③國內的政治上的安定度。

④國內的社會上的安定度（治安、文化水準等）。

　　因此，將國防費用的評價基準以及替代案予以階層構造化，其圖形如圖 2.6 所示。

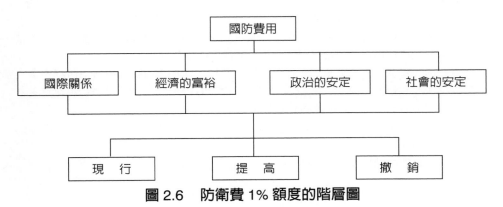

**圖 2.6　防衛費 1% 額度的階層圖**

## (4) 利用一對比較設定比重

### 1. 層次2

在選定評價基準時，要留意的地方有如下幾點：

①從第二次世界大戰以後美蘇兩極化時代起，到石油危機以後的多極化時代，在國際情勢愈形變化且資源貧乏的日本，最為重視的是國際關係。

②基於 GNP 占世界第二位，而且被稱為經濟大國的日本，因之國內經濟的評價基準是第二重要。

③對於國內的政治來說，從日本是經濟、貿易立國此點來看，並不比①、②重要。

④對於國內的社會問題來說，由於社會面的進展緩慢有所指摘，而且來自政治的影響被認為非常的強烈，因之「社會的安定」與「政治的安定」幾乎設定相同的比重。

因此，層次 2 的一對比較，其決定情形如表 2.41 所示。

### 表 2.41 層次 2 的一對比較與重要度

|      | 國際 | 經際 | 政治 | 社會 | 重要度 |
|------|------|------|------|------|--------|
| 國際 | 1    | 5    | 7    | 5    | 0.64   |
| 經際 | 1/5  | 1    | 3    | 3    | 0.20   |
| 政治 | 1/7  | 1/3  | 1    | 1    | 0.08   |
| 社會 | 1/5  | 1/3  | 1    | 1    | 0.09   |

$\lambda_{max} = 4.12$, C.I. = 0.04, C.R. = 0.04

### 2. 層次3

就上記 4 個評價基準別的一對比較與重要度的決定，所留意的幾點如下：

①對於國際關係來說，考慮了多極化時代、貿易摩擦等，提高額度之情形以及撤銷之情形比維持現行 1% 額度的情形，被認為會使關係惡化。

②就國內的經濟上富裕度來說，被認為國防費用的增加會對國內經濟造成壓迫。

③就國內的政治安定來說，被認為與其重視自民黨內部的不滿，不如重視在野黨反對提高國防費用 1% 的額度更為重要。

④就國內的社會安定來說，被認為國防費用的提高，增加國民的不滿，以及增加對戰爭的不安。

留意以上事項之結果，在層次 3 的比重設定情形，如表 2.42～表 2.45 所示。

### 表 2.42　關於「國際」的評價

| 國際 | 現行 | 提高 | 撤銷 | 重要度 |
|------|------|------|------|--------|
| 現行 | 1 | 3 | 5 | 0.64 |
| 提高 | 1/3 | 1 | 3 | 0.26 |
| 撤銷 | 1/5 | 1/3 | 1 | 0.10 |

$\lambda_{max}$ = 3.04, C.I. = 0.02, C.R. = 0.03

### 表 2.43　關於「經濟」的評價

| 經濟 | 現行 | 提高 | 撤銷 | 重要度 |
|------|------|------|------|--------|
| 現行 | 1 | 5 | 7 | 0.73 |
| 提高 | 1/5 | 1 | 3 | 0.19 |
| 撤銷 | 1/7 | 1/3 | 1 | 0.08 |

$\lambda_{max}$ = 3.06, C.I. = 0.03, C.R. = 0.06

### 表 2.44　關於「政治」的評價

| 政治 | 現行 | 提高 | 撤銷 | 重要度 |
|------|------|------|------|--------|
| 現行 | 1 | 3 | 7 | 0.65 |
| 提高 | 1/3 | 1 | 5 | 0.28 |
| 撤銷 | 1/7 | 1/5 | 1 | 0.07 |

$\lambda_{max}$ = 3.06, C.I. = 0.03, C.R. = 0.06

### 表 2.45　關於「社會」的評價

| 社會 | 現行 | 提高 | 撤銷 | 重要度 |
|------|------|------|------|--------|
| 現行 | 1 | 4 | 6 | 0.69 |
| 提高 | 1/4 | 1 | 3 | 0.22 |
| 撤銷 | 1/6 | 1/3 | 1 | 0.09 |

$\lambda_{max}$ = 3.05, C.I. = 0.03, C.R. = 0.05

## (5) 重要度的累計計算與其結果

　　利用 AHP 各層次的各要素的重要度，如表 2.41～表 2.45 所示。將這些總合起來時，得出如下的結果。

照現行（維持 1%）= 0.661
提高　　　　　 = 0.243
撤銷　　　　　 = 0.096

## (6) 分析結果

　　觀察經由 AHP 的分析結果，知維持現行占 0.661，提高額度占 0.243，撤銷額度占 0.096，結論是應該維持現行 1% 的額度。

　　就防衛問題將此結果與意見調查（1983 年 3 月每日新聞調查）相比較看看。其情形如表 2.46 所示：

1.「現行維持」在 AHP 為 66.1%，在意見調查為 74.7%，呈現近乎相同之數值。此事可以看出此處所進行的方法，即利用 AHP 進行構造化與設定比重，與國民的認識並無違背之處。

### 表 2.46　意見調查與 AHP 之比較

| 對今後國防費用的應有姿態 | 意見調查 | 相對的比率 | AHP |
|---|---|---|---|
| 維持現行 1% 以內的額度 | 67% | 74.5% | 66.1% |
| 提高 1% 的額度 | 10% | 11.1% | 24.3% |
| 撤銷額度 | 13% | 14.4% | 9.6% |
| 其他 · 無回答 | 10% | — | — |
| 計 | 100% | 100.0% | 100.0% |

註：所謂「相對的比率」是除掉「其他 · 無回答」時的百分率，是為了與 AHP 的結果相對應。

2. 在意見調查中，「額度的提高」占 11.1%，「額度的撤銷」占 14.4%，差異並不大。另一方面，AHP 的分析結果分別是 24.3% 與 9.6% 差異就很大。這或許是意見調查的對象者認為「提高額度」=「額度的撤銷」的緣故吧。

　　然而雖不限於此問題，但政府似乎重視對美關係。因此就 (4) 中所考慮的國際關係的比重設定，改變成重視對美關係時，結果會如何改變不妨進行敏感度分析看看。重視對美關係時，其比重設定如表 2.47 所示。

　　結果如下：

現行維持 = 0.328
提高　　 = 0.422
撤銷　　 = 0.251

表 2.47　重視對美關係時的比重設定

| 國際 | 現行 | 提高 | 撤銷 | 重要度 |
|---|---|---|---|---|
| 現行 | 1 | 1/5 | 1/3 | 0.112 |
| 提高 | 5 | 1 | 3/2 | 0.540 |
| 撤銷 | 3 | 2/3 | 1 | 0.348 |

$\lambda_{max}$ = 3.00, C.I. = 0.00, C.R. = 0.00

因此，在重視對美關係的情形裡，就變成了應該「提高額度」，可以預料政府對 1% 額度問題的態度。

## (7) 本分析的展開

利用 AHP 的分析結果與意見調查相比較，證明了使用 AHP 來做決策是有效的，而且是值得信賴的。

可是，在現在的社會中，存在著為數甚多不同立場的利害關係者，而且這些壓力團體的關係複雜且不明確。因此，進行 AHP 分析時，採用更多的決策資訊，將這些加以整理再總的判斷是使分析結果更為實際的必要條件。

話說使用 AHP 的分析，畢竟是個人以及小組的主觀分析。因此，為了使 AHP 分析更為有效，利用具體的數字獲得佐證的客觀分析，被認為也是需要的。

另外，國防費用對 GNP 僅止於 1% 以內的討論，它的根據略顯薄弱，對於新牽制法的討論一般認為也是需要考慮的。

### QC與AHP

QC 的本質是品質的管理。在品質之中除了像長度、重量等能以「量」測量的以外，像感觸或色調等很難以量表現的也很多。談到服務業的 QC 應該是後面的情形較濃。AHP 的確是以此種領域作為對象的方法，所以對 QC 活動想必有所幫助。在決定小集團活動的主題時，建議不妨從 AHP 的一面去檢討看看（參照第 3 章第 1 節）。

# 2-7 選擇滑雪場

## (1)M 君與 O 君之苦惱

　　滑雪是帶著快速、驚險的一種舒適運動，滑雪場因為是位於日常生活中所無遠離的場所，因之給我們有一種日常生活中解放的感覺，此為其最大的特色。而且，可按技術的程度來選擇滑雪的方式，即使技術較差的人也可盡情享受，因之以日本國民冬季的運動來說，不問男女老少大家都非常喜愛此運動。

　　可是，另一方面像昂貴的費用、到滑雪場的距離、週末的人潮洶湧等，存在著許多阻害要因以致無法輕易享受，因之在什麼時期，利用什麼樣的交通手段，到哪個滑雪場去才可盡情享受滑雪的樂趣，即為關鍵所在。

　　本節就選擇滑雪場的問題加以考慮看看。

　　M 君是住在東京熱愛滑雪的大學生。每年將冬假所打工的錢都花在滑雪上面。今年冬天他也打工完成了資金準備。因此與友人 N 君計畫在下週去享受第一次的滑雪。兩人調整日程的結果，決定在星期五、六、日的週末採取 3 天 2 夜的方式，目前的問題是目的地的決定。

　　M 君由於對滑雪技術非常有自信，想在非常富有變化的長跑道上滑雪。可是，太吵雜的地方當然是不行的。另外，因為預定使用電車、汽車去滑雪場，所以即使稍遠些也沒有關係，想到去年去過的北海道滑雪場有粉雪（power snow），心中仍想要去，但 3 天 2 夜就有些太趕了。可是，還是想在良好雪質的滑雪場中滑雪。另外也顧慮同行的 N 君所說的話。對熱心追求女伴勝於滑雪的 N 君卻說「最好能選擇有許多可愛女性嚮往的流行滑雪場才好」。對沒有女朋友的M 君來說可真是意亂情迷的話。

　　目的地的決定則全憑 M 君來決定，M 君則從以前去過的有名滑雪場、朋友去過反應都不錯的滑雪場、非常有名想去嘗試一次的滑雪場等之中選擇目的地，可是最後卻難以決定要去那裡才好。

　　另一方面，O 君是喜好滑雪的上班族，好不容易工作告一段落，由於隔了數個月才有二天假，其妻抱怨從結婚之後也從未帶她出去，因之計畫帶著老婆去渡假。

　　由於是 2 天 1 夜想開自己的車子去，太遠的地方又去不得。有羅曼帝克氣息的妻子說「想住在有情趣的旅館，由於去滑雪一年才一、二次，因之住宿費貴些也不在乎。」可是，具體上要去哪裡？卻有許許多多的方案浮現在腦海中，遲遲無法決定。

## (2) 問題的定式化

　　到底 M 君與 O 君前往哪個地方的滑雪場好呢？試使用 AHP 來決定看看。

### 1. 條件設定

　　談到選擇滑雪場，如先前所說的，依何時、誰、利用何種交通手段，當然判斷的基準就有所不同。今將問題單純化，就時期區分為「週末」與「平日」，同行者區分為「友人」、「情侶」與「攜家帶眷」三種，交通手段則區分為「自用車」與「電車、汽車」，總共可以考慮 $2×3×2 = 12$ 種的條件。實際上，若考慮日程的長短、滑雪

者的技術等許多的要素，條件的設定就有很多。

上記的 M 君、O 君所設定的條件如下，此條件的不同在設定評價基準的比重時就會產生甚大的差異。

M 君：週末 3 天 2 夜，男同伴，利用電車、汽車

O 君：平日 2 天 1 夜，配偶，利用自用車

## 2. 評價基準

M 君將所認為不明確的評價基準加以整理，於此設定了如下的評價基準。

A：混雜度（人愈少愈好）

B：多樣性（滑雪道是否富於變化）

C：住宿設施

D：距離（從東京算起）

E：雪質

此時，資金的準備視為充裕，經濟上的限制不包含在評價基準，但如有經濟的限制時，可包含在 AHP 的評價基準之中，或經濟的限制不包含在評價基準之中而以另一個次元素考慮，兩種情形均有可能發生。經濟的限制弱時採用前者的方法，經濟的限制極強時，則採用後者的方法，或許比較實際吧。

此外，當日往返之情形當然住宿設施要從評價基準除去，此處所列舉的評價基準畢竟是一個例子而已。

## 3. 選擇地點

M 君及 O 君的情形考慮了從東京出發的 2 日或 3 日之日程，選擇如下的 6 個滑雪場作為備選地。

a：藏王　　　　　　　b：石打丸山

c：苗場　　　　　　　d：神樂

d：八海山　　　　　　f：戶狩

## (3) 評價基準的比重設定

### 1. M 君的情形

M 君最關心的事情是滑雪，如先前所述在 5 個基準之中最重視混雜度與多樣性，其次依序為住宿設施、距離、雪質。各評價基準的一對比較矩陣與依此矩陣所計算的各基準重要度，如表 2.48 所示。

### 2. O 君的情形

O 君的條件是利用自用車，有配偶，平日 2 天 1 夜。另外，由於重視妻子的希望，因之住宿設施則當作第 1 順位。其次，因為利用自用車抵達的限制增大，因之將此當作第 2 個評價基準。接著按混雜度、多樣性、雪質的順序設定比重。各評價基準與重要度如表 2.49 所示。

表 2.48　M 君的各評價基準的一對比較矩陣與重要度

|  | 混雜度 | 多樣性 | 住宿設施 | 距離 | 雪質 | 重要度 |
|---|---|---|---|---|---|---|
| 混雜度 | 1 | 1 | 2 | 3 | 4 | 0.319 |
| 多樣性 | 1 | 1 | 2 | 3 | 4 | 0.319 |
| 住宿設施 | 1/2 | 1/2 | 1 | 2 | 3 | 0.184 |
| 距離 | 1/3 | 1/3 | 1/2 | 1 | 2 | 0.110 |
| 雪質 | 1/4 | 1/4 | 1/3 | 1/2 | 1 | 0.068 |

$\lambda_{max}$ = 5.036, C.I. = 0.01, C.R. = 0.01

表 2.49　O 君的各評價基準的一對比較矩陣與重要度

|  | 混雜度 | 多樣性 | 住宿設施 | 距離 | 雪質 | 重要度 |
|---|---|---|---|---|---|---|
| 混雜度 | 1 | 2 | 1/4 | 1/3 | 4 | 0.133 |
| 多樣性 | 1/2 | 1 | 1/5 | 1/4 | 3 | 0.086 |
| 住宿設施 | 4 | 5 | 1 | 2 | 7 | 0.445 |
| 距離 | 3 | 4 | 1/2 | 1 | 6 | 0.294 |
| 雪質 | 1/4 | 1/3 | 1/7 | 1/6 | 1 | 0.042 |

$\lambda_{max}$ = 5.14, C.I. = 0.04, C.R. = 0.03

## (4) 滑雪場的比較

按先前所述的 5 個評價基準，就 6 個滑雪場進行比較，其作成的評價矩陣如表 2.50～表 2.54 所示。

在混雜度的評價中，請注意人較少的評分就較高。

表 2.50　有關「混雜度」的評價

| 混雜度 | 藏王 | 丸山 | 苗場 | 神樂 | 八海山 | 戶狩 | 重要度 |
|---|---|---|---|---|---|---|---|
| 藏王 | 1 | 2 | 3 | 1/4 | 1/5 | 1/3 | 0.077 |
| 丸山 | 1/2 | 1 | 2 | 1/5 | 1/7 | 1/4 | 0.049 |
| 苗場 | 1/3 | 1/2 | 1 | 1/6 | 1/8 | 1/5 | 0.034 |
| 神樂 | 4 | 5 | 6 | 1 | 1/3 | 2 | 0.234 |
| 八海山 | 5 | 7 | 8 | 3 | 1 | 4 | 0.448 |
| 戶狩 | 3 | 4 | 5 | 1/2 | 1/4 | 1 | 0.158 |

$\lambda_{max}$ = 6.216, C.I. = 0.043, C.R. = 0.035

表 2.51　有關「多樣性」的評價

| 多樣性 | 藏王 | 丸山 | 苗場 | 神樂 | 八海山 | 戶狩 | 重要度 |
|---|---|---|---|---|---|---|---|
| 藏王 | 1 | 5 | 3 | 4 | 8 | 7 | 0.450 |
| 丸山 | 1/5 | 1 | 1/3 | 1/2 | 4 | 3 | 0.098 |
| 苗場 | 1/3 | 3 | 1 | 2 | 6 | 5 | 0.224 |
| 神樂 | 1/4 | 2 | 1/2 | 1 | 5 | 4 | 0.148 |
| 八海山 | 1/8 | 1/4 | 1/6 | 1/5 | 1 | 1/2 | 0.033 |
| 戶狩 | 1/7 | 1/3 | 1/5 | 1/4 | 2 | 1 | 0.047 |

$\lambda_{max} = 6.216$, C.I. = 0.043, C.R. = 0.035

表 2.52　有關「住宿設施」的評價

| 宿泊設備 | 藏王 | 丸山 | 苗場 | 神樂 | 八海山 | 戶狩 | 重要度 |
|---|---|---|---|---|---|---|---|
| 藏王 | 1 | 2 | 1/3 | 5 | 5 | 3 | 0.223 |
| 丸山 | 1/2 | 1 | 1/4 | 4 | 4 | 2 | 0.146 |
| 苗場 | 3 | 4 | 1 | 7 | 7 | 5 | 0.450 |
| 神樂 | 1/5 | 1/4 | 1/7 | 1 | 1 | 1/3 | 0.043 |
| 八海山 | 1/5 | 1/4 | 1/7 | 1 | 1 | 1/3 | 0.043 |
| 戶狩 | 1/3 | 1/2 | 1/5 | 3 | 3 | 1 | 0.095 |

$\lambda_{max} = 6.167$, C.I. = 0.033, C.R. = 0.027

表 2.53　有關「到達距離」的評價

| 地點 | 藏王 | 丸山 | 苗場 | 神樂 | 八海山 | 戶狩 | 重要度 |
|---|---|---|---|---|---|---|---|
| 藏王 | 1 | 1/8 | 1/5 | 1/6 | 1/4 | 1/2 | 0.033 |
| 丸山 | 8 | 1 | 4 | 3 | 5 | 7 | 0.450 |
| 苗場 | 5 | 1/4 | 1 | 1/2 | 2 | 4 | 0.148 |
| 神樂 | 6 | 1/3 | 2 | 1 | 3 | 5 | 0.224 |
| 八海山 | 4 | 1/5 | 1/2 | 1/3 | 1 | 3 | 0.098 |
| 戶狩 | 2 | 1/7 | 1/4 | 1/5 | 1/3 | 1 | 0.047 |

$\lambda_{max} = 6.216$, C.I. = 0.043, C.R. = 0.035

### 表 2.54　有關「雪質」的評價

| 雪質 | 藏王 | 丸山 | 苗場 | 神樂 | 八海山 | 戶狩 | 重要度 |
|---|---|---|---|---|---|---|---|
| 藏王 | 1 | 6 | 3 | 1/2 | 5 | 4 | 0.280 |
| 丸山 | 1/6 | 1 | 1/4 | 1/7 | 1/2 | 1/3 | 0.038 |
| 苗場 | 1/3 | 4 | 1 | 1/4 | 3 | 2 | 0.132 |
| 神樂 | 2 | 7 | 4 | 1 | 6 | 5 | 0.409 |
| 八海山 | 1/5 | 2 | 1/3 | 1/6 | 1 | 1/2 | 0.055 |
| 戶狩 | 1/4 | 3 | 1/2 | 1/5 | 2 | 1 | 0.086 |

$\lambda_{max}$ = 6.165, C.I. = 0.033, C.R. = 0.027

## (5) 重要度的累計

### 1. M君的情形

在利用電車、汽車、與男伴，3 天 2 夜的預定下去滑雪時，各滑雪場的評價如表 2.55 所示。

依此表，M 君要去滑雪場可以說藏王最爲合適。

### 2. O君的情形

在利用自用車、有配偶、2 天 1 夜的預定下去滑雪時，如表 2.56 所示。

依此表，O 君要去的滑雪場可以說苗場最爲合適。

### 表 2.55　M 君對各滑雪場的綜合評價

| 評價基準　　重要度　滑雪 | 混難度 0.319 | 多樣性 0.319 | 住宿設施 0.184 | 距離 0.110 | 雪質 0.068 | 總分 | 順位 |
|---|---|---|---|---|---|---|---|
| 藏王 | 0.077 | 0.450 | 0.223 | 0.033 | 0.280 | 0.232 | ① |
| 石打丸山 | 0.049 | 0.098 | 0.146 | 0.450 | 0.038 | 0.158 | ⑤ |
| 苗場 | 0.034 | 0.224 | 0.450 | 0.148 | 0.132 | 0.191 | ② |
| 神藥 | 0.234 | 0.148 | 0.043 | 0.224 | 0.409 | 0.182 | ③ |
| 八海山 | 0.448 | 0.033 | 0.043 | 0.098 | 0.055 | 0.176 | ④ |
| 戶狩 | 0.158 | 0.047 | 0.095 | 0.047 | 0.086 | 0.094 | ⑥ |

表2.56　O君對各滑雪場的綜合評價

| 評價基準 / 重要度 / 滑雪 | 混難度 0.133 | 多樣性 0.086 | 住宿設施 0.445 | 距離 0.294 | 雪質 0.042 | 總分 | 順位 |
|---|---|---|---|---|---|---|---|
| 藏王 | 0.077 | 0.450 | 0.223 | 0.033 | 0.280 | 0.170 | ③ |
| 石打丸山 | 0.049 | 0.098 | 0.146 | 0.450 | 0.038 | 0.214 | ② |
| 苗場 | 0.034 | 0.224 | 0.450 | 0.148 | 0.132 | 0.273 | ① |
| 神藥 | 0.234 | 0.148 | 0.043 | 0.224 | 0.409 | 0.146 | ④ |
| 八海山 | 0.448 | 0.033 | 0.043 | 0.098 | 0.055 | 0.112 | ⑤ |
| 戶狩 | 0.158 | 0.047 | 0.095 | 0.047 | 0.086 | 0.085 | ⑥ |

## (6) 結論

　　以上是就所設定條件的12種之中的2種，使用AHP進行分析，對於其他的10種不妨分析看看，或許會得到有趣的結果。

　　另外，按5個評價基準比較6個滑雪場的矩陣，須聲明的是這些僅僅利用直觀加以做成的。如果在滑雪指南等上面記載有混難度、多樣性等的評價基準的指標時，也許就能更客觀的進行分析。可是，如需要更嚴密的分析時，可按條件設定，不僅各評價基準的重要度，就連各滑雪場的評價矩陣也需要變更。與男伴去之情形以及與配偶一起去之情形，不僅是住宿設施的重要度，所喜好的住宿設施的特性也會出現不同。因此，即使客觀性地求出各滑雪場的評價矩陣想來也不太有意義。

　　最後，就12種條件設定本身當作一個階層能否總合評價滑雪場的好壞加以考慮看看。依交通手段別，友人、配偶、攜家帶眷別，平日、週末別的滑雪場入場人數的實態，可以按各條件設定比重。因此，將它當作一個階層，就先前所求出的總分設定此比重後予以累計。亦即，滑雪場的綜合評價也是有可能的。

　　相反的，如從滑雪場的經營者一方來看時，對所想像的滑雪人士應準備何種的設備方可投其所好呢？也可利用AHP加以檢討。

### 特徵值與特徵向量

對於 n 次的正方矩陣 A，由右方乘上 n 次向量 v，Av 即為 n 次向量，對於某數 $\lambda$ 來說，如滿足 Av = $\lambda$ v 之關係時，$\lambda$ 稱為特徵值，v 稱為對 $\lambda$ 的特徵向量。一般對於 n 次矩陣來說，存在 n 組的特徵值與特徵向量。特徵值與特徵向量如其名所示，可以看出是取出矩陣 A 的固有——潛在性——的特質。在許多的領域中為解析問題所使用。

將 Av = $\lambda$ v 進行改寫：

$$Av - \lambda v = 0$$
$$Ax - \lambda I_n v = 0 \text{（其中 } I_n \text{ 為單位矩陣）}$$
$$(A - \lambda I_n)v = 0$$

在上式中，因為 v 必不為 0，所以可以得知：
$(A - \lambda I_n)$ 必為奇異矩陣（Singular Matrix）。
而奇異矩陣的行列式必為 0，所以：

$$\det(A - \lambda I_n) = 0$$

利用這個必須滿足行列式為 0 的特性，即可求得 v 及 $\lambda$。

# 第3章
# 活用篇

　此處列舉了與企業活動有關聯的應用例。人物的設定、評價基準的設定、人物的動機分析等都是值得看的地方。另外，從此開始為了使表容易觀看，一對比較矩陣的左下部分之值省略並予以空白著，而這些則是右上對稱位置之值的倒數。

本章內容

# 3-1 品管圈的主題決定

## (1) 有關主題的備選

A 君的品管圈在開始本期活動之際，爲了決定新的主題召集圈會進行討論。A 君的工作場所是從事生產設備的維護，在上司參與的課內圈長會議上，決定了本期的活動「目標」是「縮短機械修理等候時間」。根據此目標圈員討論的結果，得出如表 3.1 的備選主題。其中，透過圈員的討論後，集中在加上◎記號的 4 個備選主題上，而其中以哪個作爲主題則意見分歧。因此，想到使用 AHP 看看。可是對於本次不作爲對象的主題，一部分透過管理職來實施，其他做成另項的長期計畫來實施。

## (2) 階層圖與一對比較

爲了決定此 4 個主題的優先順位決定了 5 個評價基準。分別是「可期待效果」，「會員參加的可能性」，「與圈能力的配合」，「與上位方針的配合」，「目標值設定之明確性」。如此即得出圖 3.1 的階層圖。

並且對於各水準的項目均全員參加進行一對比較，結果得出如表 3.2～3.7。

層次 2 的 5 個評價基準在一般的 QCC 活動中均當作基準，而從此圈的一對比較結果知，「全員參加的可能性」出類拔萃得到最高的比重。

從層次 3 的各結果可以明確查明各主題所具有的特徵。「多能工化」在「圈能力的配合」、「全員參加」的評價基準上位居第一，而在其他的評價基準上也位居第二，非常穩定。

### 表 3.1　備選主題的選定

本期的活動目標：縮短機械的修理等候時間

| 機械的等候修理時間的發生原因 | 原因的分離 | 備選主題 | 主題的合適與否 |
|---|---|---|---|
| 機械經常故障 | ・作業氣氛不佳<br>・作業員不甚了解機械操作<br>・定期點檢不夠 | ・作業氣氛的改善<br>・作業員教育的實施<br>・重估定期點檢體制 | △<br>○<br>◎ |
| 圖面、工具、零件的管理不良 | ・保管場所不知道<br>・未正確掌握庫存量<br>・庫存品有缺貨 | ・保管場所的整備<br>・管理方法的改善<br>・管理系統的建立 | ○<br>○<br>◎ |
| 作業量、作業方法不適當 | ・各負責人的工作量有差異<br>・負責人的技術不夠<br>・新引進的設備不夠<br>・會議、商討甚多 | ・多能工化的促進<br>・提高技術教育<br>・實施新設備研習會<br>・減少會議、商討時間 | ◎<br>△<br>△<br>◎ |

主題的適否：◎認為適當
　　　　　　○透過管理人員實施
　　　　　　△做成其他長期計畫實施

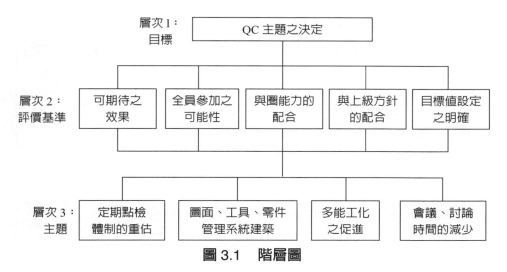

圖 3.1　階層圖

表 3.2　層次 2 的一對比較與重要度

| 層次 2 | 期待效果 | 全員參加 | 圈能力 | 上級方針 | 目標值設定 | 重要度 |
|---|---|---|---|---|---|---|
| 期待效果 | 1 | 1/3 | 2 | 3 | 5 | 0.210 |
| 全員參加的可能性 | | 1 | 5 | 7 | 8 | 0.521 |
| 與圈能力的配合 | | | 1 | 5 | 5 | 0.168 |
| 與級方針的配合 | | | | 1 | 2 | 0.061 |
| 目標值設定的明確性 | | | | | 1 | 0.040 |

C.I. = 0.06, C.R. = 0.06

表 3.3　有關「期待效果」的一對比較

| 期待效果 | 定期點檢 | 圖工部管理 | 多能工化 | 會議時間消減 | 重要度 |
|---|---|---|---|---|---|
| 定期點檢 | 1 | 5 | 2 | 7 | 0.523 |
| 圖工部管理 | | 1 | 1/3 | 3 | 0.122 |
| 多能工化 | | | | 5 | 0.298 |
| 會議時間消滅 | | | | 1 | 0.057 |

C.I. = 0.02, C.R. = 0.03

表 3.4　有關「全員參加」的一對比較

| 全員參加 | 定期點檢 | 圖工部管理 | 多能工化 | 會議時間消減 | 重要度 |
|---|---|---|---|---|---|
| 定期點檢 | 1 | 1/3 | 1/5 | 1/5 | 0.067 |
| 圖工部管理 | | 1 | 1/3 | 1/3 | 0.149 |
| 多能工化 | | | 1 | 2 | 0.460 |
| 會議時間消滅 | | | | 1 | 0.325 |

C.I. = 0.03, C.R. = 0.04

表 3.5　有關「與圈能力配合」的一對比較

| 圈能力 | 定期點檢 | 圖工部管理 | 多能工化 | 會議時間消減 | 重要度 |
|---|---|---|---|---|---|
| 定期點檢 | 1 | 1/3 | 1/5 | 1 | 0.094 |
| 圖工部管理 | | 1 | 1/3 | 3 | 0.244 |
| 多能工化 | | | 1 | 6 | 0.573 |
| 會議時間消滅 | | | | 1 | 0.089 |

C.I. = 0.01, C.R. = 0.01

表 3.6　「與上級方針的配合」的一對比較

| 上位方針 | 定期點檢 | 圖工部管理 | 多能工化 | 會議時間消減 | 重要度 |
|---|---|---|---|---|---|
| 定期點檢 | 1 | 3 | 3 | 7 | 0.522 |
| 圖工部管理 | | 1 | 1/2 | 5 | 0.177 |
| 多能工化 | | | 1 | 5 | 0.250 |
| 會議時間消滅 | | | | 1 | 0.051 |

C.I. = 0.04, C.R. = 0.05

表 3.7　有關「目標設定的明確性」的一對比較

| 目標值設定 | 定期點檢 | 圖工部管理 | 多能工化 | 會議時間消減 | 重要度 |
|---|---|---|---|---|---|
| 定期點檢 | 1 | 2 | 1/5 | 1/7 | 0.084 |
| 圖工部管理 | | 1 | 1/5 | 1/7 | 0.059 |
| 多能工化 | | | 1 | 1/2 | 0.321 |
| 會議時間消滅 | | | | 1 | 0.536 |

C.I. = 0.03, C.R. = 0.03

　「定期點檢」在「期待效果」與「上級方針」上雖得出非常高的分數，而在其他的評價基準上卻得到很低的分數，「會議時間縮短」也具有同樣的傾向。

## (3) 重要度的決定（表 3.8）

　首先在層次 2 中之評價基準的比重分別是「全員參加之可能性」最高爲 0.521，其次「可期待的效果」爲 0.210，「圈能力之配合」爲 0.168，這些比重之值頗有 QC 活動的樣子。

　其次，層次 3 的各備選主題的各基準的重要度整理在表 3.8 的上段。

### 表 3.8　總合分數

| 評價基準 / 主題 | 期待效果 | 全員參加可能性 | 與圈能力之配合 | 與上級方針之配合 | 目標值設定的明確性 | 總分 | 順位 |
|---|---|---|---|---|---|---|---|
| 重要度 | 0.210 | 0.521 | 0.168 | 0.061 | 0.040 | | |
| 重估定期點檢制度 | 0.523 | 0.067 | 0.094 | 0.522 | 0.084 | | |
| 建立圖面、工具、零件管理制度 | 0.122 | 0.149 | 0.244 | 0.177 | 0.059 | | |
| 促進多能工化 | 0.298 | 0.460 | 0.573 | 0.250 | 0.321 | | |
| 減少會議、商討時間 | 0.057 | 0.325 | 0.089 | 0.051 | 0.536 | | |
| 重估定期點檢制度 | 0.010 | 0.035 | 0.016 | 0.032 | 0.003 | 0.196 | ③ |
| 建立圖面、工具、零件管理制度 | 0.026 | 0.078 | 0.041 | 0.011 | 0.002 | 0.158 | ④ |
| 促進多能工化 | 0.063 | 0.240 | 0.096 | 0.015 | 0.013 | 0.427 | ① |
| 減少會議、商討時間 | 0.012 | 0.169 | 0.015 | 0.003 | 0.021 | 0.220 | ② |

　接著，將這些值乘上各評價基準的重要度即爲下段之值。將此橫向相加得出各主題的總合分數。「多能工化的促進」（0.427）位居第 1 位。其他的 3 個主題與此項比較重要度就遙遙落後了。

## (4) 結果

　從計算結果知「多能工化的促進」形成壓倒性的地位。可是，從「可期待的效

果」、「與上級方針的配合」之觀點來看，未必能說是適切的主題。這可以認為是 A 君的圈還未具備能對困難主題挑戰的實力，因之才浮現出全員能參加、可配合圈能力之主題。本期從「多能工化的促進」來著手挑戰，這既可謀求各個人的能力提升，也可儲備圈的實力，此外儘可能在早期、以及效果可以期待、也可配合上級方針的主題之下來著手主題是應該要記住的。此時，為了「減少機械的故障」以哪一個主題、如何著手才能使目標明確、效果也可期待呢？有需要再度考慮看看。

### AHP的書

AHP 的代表文獻有 T.L.Saaty 博士所寫的大作 *"The Analytic Hierarchy Process"*（McGraw Hill 出版，1980）。Saaty 除此之外也出版數本有關 AHP 的書。

# Note

# 3-2 新產品開發與商品企劃

## 3.2.1 新產品開發

### (1) 狀況的說明

為了研究開發 LSI（大型集體電路）而製造所需裝置的合資企業 A 公司，為了因應超超 LSI 時代而積極著手開發下期產品。有關此開發計畫公司當局急於下決策。今將公司內的意見大致綜合成如下三者。

1. 為了迎向超超 LSI 時代將既有型的裝置進行設計變更而價錢幾乎保持一樣（以上略稱「既有型」）。
2. 在既有型的裝置上追加機能，設計也為之一新之後，稍微提高價格（以下略稱「改良型」）。
3. 將裝置本身充分引進個人電腦謀求自動化使之高科技化，並提高價格（以下略稱「科技型」）。

此業界的兩大製造商約占 80% 的市場占有率，像 A 公司的合資企業認為，以能因應顧客需求提供鉅細無遺的服務當作賣點投入此商戰之外沒有其他生存之道。

另外，裝置是屬於訂貨生產，在受訂的階段一般每一位顧客均要求變更細部規格，技術人員在應付上都要安排許多的時間。正當新產品開發的時候，如果推出的是既有型的產品，A 公司的技術人員與服務擔當人員由於熟悉它的規格，因之最容易應付，生產的轉換也能在短時間內完成。

相對的，為了製造科技型的產品，從設計階段起就必須以全新的構想去著手，並經試製與試驗檢討到產品成形為止，需要花相當的時日與努力。另外，在生產階段也會對技術者要求新的因應之道，使用、服務也必須為之一變。因之在產品著手生產階段可以預料會發生麻煩，甚至發生一時性混亂的情形也必須有所覺悟。研究開發費用當然會增加，公司的高階是最感到頭疼的。認為既有型或改良型難道不行嗎？可是，科技型的優點在於性能的提高與容易使用，使用者這一方對這些點寄予相當大的期待是可以預料的。

### (2) 階層構造

將此問題的階層圖表示在圖 3.2 中。首先階層 1 是「新產品開發」，接著列出對此決定有影響的 4 個因素，分別是「顧客」、「高階管理者」、「競爭公司」、「設計部門」。這些構成了階層 2。其次的階層 3 出現的是各因素的目的與動機。

以階層圖來說從此處起形成分歧型。顧客對產品的要求是「價格低廉」、「性能良好」、「容易使用」、「服務」（教育、維修）。高階管理者則是以「產品的利益」、「銷貨收入增加」、「公司的生存」作為目的來決定的。「競爭公司」的目的推測是「利潤」與「維持產品的占有率」。設計部門的動機是「工作的有趣」、「技術提高」、「薪資改善」。

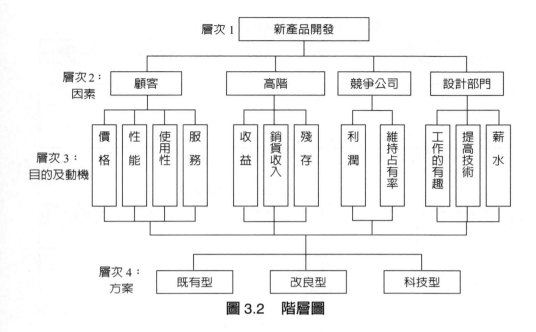

圖 3.2　階層圖

## (3) 層次 2 與層次 3 的一對比較與重要度

層次 2 的各人物一對比較如表 3.9 所示。使用此值所計算的重要度則記在表 3.9 的最右欄。「顧客」（0.504）與「高階管理者」（0.320）的比重較大。「競爭公司」與「設計部門」的比重則較低，此處仍然保留著，考慮層次 3 的取捨選擇。

其次，就各因素的各動機與目的，將它們的一對比較與由此所計算的重要度，如表 3.10～表 3.13 加以表示。對於「顧客」來說所關心的事情是「性能」（0.443），「容易使用」（0.280），「價格」（0.081）意外地比重很小。對「高階管理者」來說，知「生存」（0.637）與「收益」（0.258）則是主要的目的。

### 表 3.9　人物的一對比較與重要度

| 因素 | 顧客 | 高階 | 其他公司 | 設計 | 重要度 |
|------|------|------|----------|------|--------|
| 顧客 | 1 | 3 | 3 | 5 | 0.504 |
| 高階 | | 1 | 5 | 5 | 0.320 |
| 其他公司 | | | 1 | 1 | 0.096 |
| 設計部門 | | | | 1 | 0.080 |

$\lambda_{max}$ = 4.264, C.I. = 0.09, C.R. = 0.10

表 3.10　顧客的關心事與重要度

| 顧客 | 價格 | 性能 | 使用性 | 服務性 | 重要度 |
|---|---|---|---|---|---|
| 價格 | 1 | 1/5 | 1/3 | 1/3 | 0.081 |
| 性能 | | 1 | 2 | 2 | 0.443 |
| 使用性 | | | 1 | 2 | 0.280 |
| 服務性 | | | | 1 | 0.197 |

$\lambda_{max}$ = 4.065, C.I. = 0.02, C.R. = 0.02

表 3.11　高階的目的與重要度

| 高階 | 收益 | 銷貨 | 生存 | 重要度 |
|---|---|---|---|---|
| 收益 | 1 | 3 | 1/3 | 0.258 |
| 銷貨 | | 1 | 1/5 | 0.106 |
| 生存 | | | 1 | 0.637 |

$\lambda_{max}$ = 3.039, C.I. = 0.02, C.R. = 0.03

表 3.12　競爭公司的關心事與重要度

| 競爭公司 | 利益 | 占有率 | 重要度 |
|---|---|---|---|
| 利潤 | 1 | 1/3 | 0.25 |
| 占有率 | | 1 | 0.75 |

$\lambda_{max}$ = 2, C.I. = 0, C.R. = 0

表 3.13　設計部門的關心事與重要度

| 設計部門 | 有趣 | 提高技術 | 改善薪資 | 重要度 |
|---|---|---|---|---|
| 有趣 | 1 | 3 | 3 | 0.594 |
| 提高技術 | | 1 | 2 | 0.249 |
| 改善薪資 | | | 1 | 0.157 |

$\lambda_{max}$ = 3.054, C.I. = 0.03, C.R. = 0.05

## (4) 至層次 3 為止的累計計算

　　將現在所計算之層次 3 的重要度乘上上面之層次 2 的人物所具有的重要度，計算出層次 3 的各要素所具有的相對重要度。其結果如表 3.14 所示。由此順位可以知道與顧客有關聯之事項即「性能」（第 1 位），「容易使用」（第 3 位），「服務」（第

4 位）是非常受到重視的，其次出現的是高階管理者關心的事項，即「生存」（第 2 位），「利益」（第 5 位）。這些之重要度總合就達到 0.75（75%），其他的要素比重則較輕，此後的分析則決定此 5 個要素來進行。表 3.15 是針對此 5 個要素表示相對的重要度比率。

## (5) 層次 4 的一對比較與重要度

針對上述 5 要素，各方案「既有型」、「改良型」、「科技型」的一對比較值與重要度，如表 3.16～表 3.20 所示。值得注目的是「科技型」在 3 個要素上比其他型占有壓倒性的優勢，「改良型」則在「利益」方面位居第一，其他則位居第二。「既有型」除「服務」以外，評分都很低。

### 表 3.14　層資 3 之要素的重要度與順位

| 因素 | 重要度 | 目的與動機 | 重要度 | 主層次 3 為止的重要度 | 順位 |
|---|---|---|---|---|---|
| 顧　客 | 0.504 | 價格 | 0.081 | 0.041 | ⑧ |
| | | 性能 | 0.443 | 0.223 | ① |
| | | 使用性 | 0.280 | 0.141 | ③ |
| | | 服務性 | 0.197 | 0.099 | ④ |
| 高　階 | 0.320 | 收益 | 0.258 | 0.083 | ⑤ |
| | | 銷貨 | 0.106 | 0.034 | ⑨ |
| | | 生存 | 0.637 | 0.204 | ② |
| 競爭公司 | 0.096 | 利潤 | 0.25 | 0.024 | ⑩ |
| | | 占有率 | 0.75 | 0.072 | ⑥ |
| 設計部門 | 0.080 | 有趣性 | 0.594 | 0.048 | ⑦ |
| | | 提高技術 | 0.249 | 0.020 | ⑪ |
| | | 改善薪資 | 0.157 | 0.013 | ⑫ |

### 表 3.15　至第 5 位為止的相對性重要度

| 順　位 | 項　目 | 重要度 | 累　積 | 相對的重要度 |
|---|---|---|---|---|
| ① | 性　能 | 0.223 | 0.223 | 0.297 |
| ② | 生　存 | 0.204 | 0.427 | 0.272 |
| ③ | 使用性 | 0.141 | 0.568 | 0.188 |
| ④ | 服務性 | 0.099 | 0.667 | 0.132 |
| ⑤ | 收　益 | 0.083 | 0.750 | 0.111 |

### 表 3.16　有關性能的一對比校與遁要幢

| 性能 | 既有型 | 改善型 | 科技型 | 重要度 |
|------|--------|--------|--------|--------|
| 既有型 | 1 | 1/3 | 1/7 | 0.081 |
| 改善型 |  | 1 | 1/5 | 0.188 |
| 科技型 |  |  | 1 | 0.731 |

$\lambda_{max}$ = 3.065, C.I. = 0.03, C.R. = 0.06

### 表 3.17　關於生存的一對比較與重要度

| 生存 | 既有型 | 改善型 | 科技型 | 重要度 |
|------|--------|--------|--------|--------|
| 既有型 | 1 | 1/3 | 1/5 | 0.105 |
| 改善型 |  | 1 | 1/3 | 0.258 |
| 科技型 |  |  | 1 | 0.637 |

$\lambda_{max}$ = 3.039, C.I. = 0.02, C.R. = 0.03

### 表 3.18　關於容易使用之一對比較與重要度

| 容易使用 | 既有型 | 改善型 | 科技型 | 重要度 |
|----------|--------|--------|--------|--------|
| 既有型 | 1 | 1/3 | 1/5 | 0.105 |
| 改善型 |  | 1 | 1/3 | 0.258 |
| 科技型 |  |  | 1 | 0.637 |

$\lambda_{max}$ = 3.039, C.I. = 0.02, C.R. = 0.03

### 表 3.19　關於服務的一對比較與重要度

| 服務 | 既有型 | 改善型 | 科技型 | 重要度 |
|------|--------|--------|--------|--------|
| 既有型 | 1 | 3 | 5 | 0.648 |
| 改善型 |  | 1 | 2 | 0.230 |
| 科技型 |  |  | 1 | 0.122 |

$\lambda_{max}$ = 3.003, C.I. = 0.00, C.R. = 0.00

### 表 3.20　關於收益的一對比較與重要度

| 收益 | 既有型 | 改善型 | 科技型 | 重要度 |
|------|--------|--------|--------|--------|
| 既有型 | 1 | 1/3 | 1 | 0.2 |
| 改善型 |  | 1 | 3 | 0.6 |
| 科技型 |  |  | 1 | 0.2 |

$\lambda_{max}$ = 3, C.I. = 0, C.R. = 0

例1 音響的商品力
評價基準——設計、品牌、機能、音質、價格
例2 嗜好食品之印象（口香糖等）
評價基準——味道、顏色、形狀、大小、包裝
例3 高爾夫俱樂部的印象
評價基準——品牌、科學性、傳統性、正確性、飛行、高級感、素材、風評
例4 電鬍刀的購買動機
評價基準——感受、使用性、機能性、品牌、價格、設計
例5 電腦的評價（參照圖 3.3）。

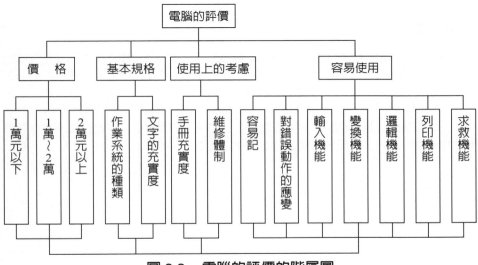

**圖 3.3　電腦的評價的階層圖**

## (6) 總合得分

表 3.21 是表示各方案的總合得分。從此結果知「科技型」相對的位居優位，其次依序為「改良型」、「既有型」。

A 公司的產品企劃擔當者由此結果乃對高階管理者建議開發「科技型」的產品。

表 3.21　總分

| 要素<br><br>重要度<br>方案 | 性能<br><br>0.297 | 生存<br><br>0.272 | 容易使用<br><br>0.188 | 服務<br><br>0.132 | 收益<br><br>0.111 | 總分 |
|---|---|---|---|---|---|---|
| 既有型 | 0.081 | 0.105 | 0.105 | 0.648 | 0.2 | 0.18 |
| 改善型 | 0.188 | 0.258 | 0.258 | 0.230 | 0.6 | 0.27 |
| 科技型 | 0.731 | 0.637 | 0.637 | 0.122 | 0.2 | 0.55 |

## 3.2.2　商品企劃

　　因應愈形多樣化的消費者需求，商品企劃也被要求須開發出與以往不同且有特色的商品。商品除了原來的機能以外，消費者是從多方面來評價的。因此，現代的商品企劃必須充分認識與檢討消費者的感覺與嗜好之後才可以進行。單純的「好的產品」是不一定會暢銷的。在調查消費者動向、企劃商品方面，AHP 就變成了非常有力的武器。此處因為是以簡單的例子說明商品的評價基準，讀者可配合自己的案例製作具體化的階層圖，進行一對比較，希望有助於決定備選商品的比重。

**知識補充站**

　　當替代方案的選擇由決策群體進行群體決策（Group Decision Making）時，則將決策群體成員的偏好（Preference）加以整合。因此，判斷的整合在 AHP 法中，是一個相當重要的部分。Saaty 在一些合理的假設下，利用幾何平均數做為整合的函數，而不是算數平均數。因為若某一個決策成員的判斷值為 $a$，而其他決策成員的判斷值為 $1/a$ 時，其平均值應為 1，而不是 $(a+1/a)/2$。所以 $n$ 個決策成員的判斷值 $x_1, x_2, \cdots, x_n$，其平均值應為 $\sqrt[n]{x_1 x_2 \cdots x_n}$。

# 3-3 分店長人事

## (1) 主題的說明

　　人事評價制度是組織運作上所不可欠缺的制度，目前採用有各種的方法。以日本的人事考核來說，「年資序列」主義長年占有甚大的比率，最近企業的周遭內外環境愈形嚴苛，僅依賴年資的人事考核也到了需要檢討的地步了。

　　一般在人事考核方面，以分析之方式判定工作場所對象人物的價值，以該結果的累積當作該人的整體評價，採行此種方式的甚多。評價的項目大致可分①紀錄性的項目（勤怠報告書、業績報告書等），②絕對性的項目（減分法、成績評語法、人物評語法、圖式尺度法等），③相對性的項目（相對比較法、成績順位法等），不單採用一個方式，併用幾個方式按 1 次、2 次、3 次之階段從各種角度去評價，盡力提高考核結果的可靠度。

　　此處就決定某公司之分店長此問題為例，在人事選定之過程上試著應用 AHP 看看。利用此方法，即可柔軟的評價職位的特殊性與候選人的適合性。另外，也可以與以往的評價項目相結合，既存的人事紀錄等也可以合理的引進來。此點對人事擔當者來說，使用起來不會引起失調。

## (2) 階層構造

　　首先在層次 2 設定分店長執行業務所需的項目，即「成績（業務別達成度）」、「熱心」、「能力」三者。通常在此層次加上「人事慣例」的項目，而這包含著服務年數、部內資格、異動時期等，本模式的 5 位候選人，由於這些全無故省略之。

　　其次在層次 3 中排列層次 2 的各項目的細目，接著層次 4 出現 5 位候選人（圖 3.4）。

　　就層次 2 的項目稍許加以說明。

### 1. 成績（業務別達成度）

　　這是為了觀察從以往的職位、經驗所出現的業務別成績、業務別處理能力。

### 2. 情意

　　這是評價候選人的努力度與熱心等人格面的項目。

### 3. 能力

　　這是觀察候選人的統率力、決斷力等身為管理者所需具備能力之項目。

## (3) 分店的現況與候選人的資料

　　有 3 個分店，打算在各分店選出候選人。各分店的現狀如表 3.22 所示，各特徵如下：

　　分店 I──只因管理雜亂無章，需要斷然的革新。

　　分店 II──因為是新設的海外戰略據點，需要開拓者精神。

　　分店 III──因為處於國內激戰區，需要營業力。

　　其次 5 位候選人的資料如表 3.23 所示，服務年數、現職在職年數也一併記入供作參考，每一位均具有分店長之資格。

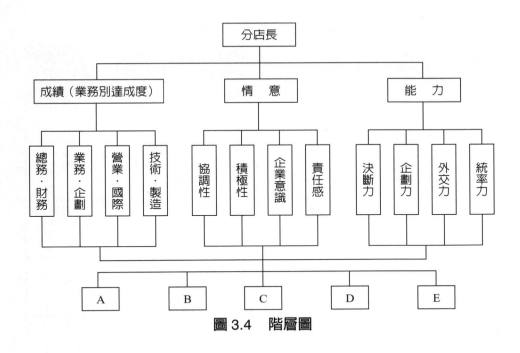

**圖 3.4　階層圖**

**表 3.22　分店長的性格**

| 分店名 | 狀況 | 所要求的資格 |
|---|---|---|
| I<br>人人革新 | ・前分店長工作行，但個性太強被稱作獨裁分店長<br>・職員的人際關係不佳，感到前途無望而辭職，也出現有希望調動者<br>・關於管理、財務也因分店長的獨斷指示造成混亂<br>・分店長與其他業者有勾結問題 | ・能使整個分店活性化具有人性的魅力<br>・有統率力、責任感<br>・了解總務、財務的業務 |
| II<br>新設海外<br>戰略據點 | ・為了開拓海外市場所新設的支店<br>・因此從零開始，總之在二～三年間要決定業務的方向，且要獲得某種程度的實績<br>・作為公司海外的接收天線，必須蒐集其他公司的技術開發、銷售等的情報 | ・開拓者精神<br>・有語言能力、外交能力<br>・在營業及技術領域上能力也很強<br>・有積極性、責任感 |
| III<br>激戰地區 | ・與其他公司在市場占有率上進行激烈的競爭，作為重要的戰略據點，決定公司的命運，絕對不能輸<br>・前分店長因業績不振而被調動<br>・關於職員也預定投入本土化 | ・總之要有營業的實力<br>・能發揮強力的領導力<br>・具有積極性及企劃力 |

表 3.23　候選人的資料

| 候選人 | 服務年資 | 現職在職年數 | 保有實績的主要業務 | 在情意項目中高評價者 | 在能力項目中高評價者 |
|---|---|---|---|---|---|
| A | 20 年 | 3 年 | 總務・財務<br>營業 | 協調性<br>企業意識 | 外交力<br>決斷力<br>體力：普<br>語學：普 |
| B | 23 年 | 4 年 | 技術・製造<br>業務・企劃 | 協調性<br>責任感 | 統率力<br>企劃力<br>體力：弱<br>語學：普 |
| C | 21 年 | 2 年 | 總務<br>技術・製造<br>營業 | 責任感<br>企業意識 | 決斷力<br>統率力<br>體力：普<br>語學：普 |
| D | 20 年 | 1 年 | 營業・國際<br>業務・企劃 | 積極性<br>責任感 | 統率力<br>外交力<br>體力：強<br>語學：普 |
| E | 23 年 | 2 年 | 業務・企劃<br>總務 | 企業意識<br>積極性 | 企劃力<br>決斷力<br>體力：普<br>語學：強 |

## (4) 項目間的一對比較與重要度的決定

### 1. 分店I（人心革新型）之情形

① 層次 2（表 3.24）

　身為分店的分店長被要求的是在「情意」面上優越，其次是「能力」。

② 層次 3（表 3.25）

　在「情意」的 4 個細目中、「協調性」與「責任感」最為重要，在「能力」的 4 個細目中「統率力」最為重要。

③ 至層次 3 為止的總合（圖 3.5）

　至層次 3 為止加以總合時，即如圖 3.5 的數字，最重視的是「協調性」（0.239），「責任感」（0.239），「統率力」（0.144）。重要度稍低的是「積極性」（0.08），「企業意識」（0.08）。

### 表 3.24 層次 2──分店 I

| 分店 I | 成 績 | 情 意 | 能 力 | 重要度 |
|---|---|---|---|---|
| 成 績 | 1 | 1/5 | 1/3 | 0.105 |
| 情 意 | | 1 | 3 | 0.637 |
| 能 力 | | | 1 | 0.258 |

C.I. = 0.019

### 表 3.25 層次 3──分店 I

| 成 績 | 總 財 | 業 企 | 營 國 | 技 製 | 重要度 |
|---|---|---|---|---|---|
| 總 財 | 1 | 5 | 3 | 9 | 0.598 |
| 業 企 | | 1 | 3 | 5 | 0.227 |
| 營 國 | | | 1 | 3 | 0.128 |
| 技 製 | | | | 1 | 0.047 |

C.I. = 0.086

| 情 意 | 協 調 | 積 極 | 企 意 | 責 任 | 重要度 |
|---|---|---|---|---|---|
| 協 調 | 1 | 3 | 3 | 1 | 0.375 |
| 積 極 | | 1 | 1 | 1/3 | 0.125 |
| 企 意 | | | 1 | 1/3 | 0.125 |
| 責 任 | | | | 1 | 0.375 |

C.I. = 0

| 能 力 | 決 斷 | 企 劃 | 外 交 | 統 率 | 重要度 |
|---|---|---|---|---|---|
| 決 斷 | 1 | 1 | 1/3 | 1/5 | 0.095 |
| 企 劃 | | 1 | 1/3 | 1/5 | 0.095 |
| 外 交 | | | 1 | 1/3 | 0.249 |
| 統 率 | | | | 1 | 0.560 |

C.I = 0.014

## 2. 分店 II（海外戰略據點型）之情形

① 層次 2（表 3.26）

身為此分店的分店長所要求的是「能力」（0.481）與「成績」（0.405）。

② 層次 3（表 3.27）

在「能力」之中，「外交」（0.309）與「統率力」（0.309）最為重要，在「成

績」之中，「營業‧國際」（0.493）與「技術‧製造」（0.277）最爲重要。
③ 至層次 3 爲止的總和（圖 3.6）

如圖 3.6 的數字所顯示，重要性依序爲「營業‧國際」（0.200），「外交能力」
（0.149），「統率力」（0.149），「企劃力」（0.116），「技術‧製造」
（0.112）。

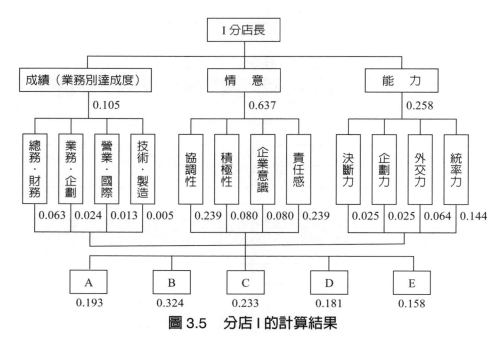

圖 3.5　分店 I 的計算結果

表 3.26　層次 2 ── 分店 II

| 分店 II | 成　績 | 情　意 | 能　力 | 重要度 |
|---|---|---|---|---|
| 成　績 | 1 | 3 | 1 | 0.405 |
| 情　意 | | 1 | 1/5 | 0.114 |
| 能　力 | | | 1 | 0.481 |

C.I. = 0.015

表 3.27　層次 3 ── 分店 II

| 成績 | 總　財 | 業　企 | 營　國 | 技　製 | 重要度 |
|---|---|---|---|---|---|
| 總　財 | 1 | 1/5 | 1/9 | 1/5 | 0.045 |
| 業　企 | | 1 | 1/5 | 1 | 0.185 |
| 營　國 | | | 1 | 5 | 0.493 |
| 技　製 | | | | 1 | 0.277 |

C.I. = 0.086

| 情意 | 協　調 | 積　極 | 企　意 | 責　任 | 重要度 |
|---|---|---|---|---|---|
| 協　調 | 1 | 1/3 | 1/5 | 1/3 | 0.075 |
| 積　極 | | 1 | 1/3 | 3 | 0.265 |
| 企　意 | | | 1 | 3 | 0.508 |
| 責　任 | | | | 1 | 0.151 |

C.I. = 0.066

| 能力 | 決　斷 | 企　劃 | 外　交 | 統　率 | 重要度 |
|---|---|---|---|---|---|
| 決　斷 | 1 | 1 | 1/3 | 1/3 | 0.142 |
| 企　劃 | | 1 | 1 | 1 | 0.241 |
| 外　交 | | | 1 | 1 | 0.309 |
| 統　率 | | | | 1 | 0.309 |

C.I. = 0.052

## 3. 分店III（國內激戰區）之情形

① 層次 2（表 3.28）

「成績」（0.637），「能力」（0.258）依序最為重要。

② 層次 3（表 3.29）

在「成績」之中，「營業‧國際」（0.594）與「業務‧企劃」（0.270）最為重要，在「能力」之中，「外交」（0.417）與「統率力」（0.417）最為重要。

③ 至層次 3 為止的總和（圖 3.7）

如圖 3.7 的數字所顯示，依序為「營業‧國際」（0.378），「業務‧企劃」（0.172），「外交能力」（0.108），「統率力」（0.108）。

如將圖 3.5、圖 3.7 的層次 3 之值加以比較時，非常清楚各分店所要求之資質特徵是不同的。

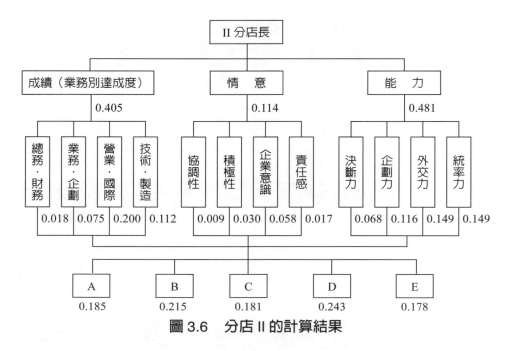

圖3.6　分店 II 的計算結果

表 3.28　層次 2——分店 III

| 分店 III | 成　績 | 情　意 | 能　力 | 重要度 |
|---|---|---|---|---|
| 成　績 | 1 | 5 | 3 | 0.637 |
| 情　意 | | 1 | 1/3 | 0.105 |
| 能　力 | | | 1 | 0.258 |

C.I. = 0.019

表 3.29　層次 3——分店 II

| 成　績 | 總　財 | 業　企 | 營　國 | 技　製 | 重要度 |
|---|---|---|---|---|---|
| 總　財 | 1 | 1/5 | 1/9 | 3 | 0.084 |
| 業　企 | | 1 | 1/3 | 5 | 0.270 |
| 營　國 | | | 1 | 7 | 0.594 |
| 技　製 | | | | 1 | 0.051 |

C.I. = 0.083

## 表 3.29　層次 3——分店 II（續）

| 情意 | 協 調 | 積 極 | 企 意 | 責 任 | 重要度 |
|---|---|---|---|---|---|
| 協 調 | 1 | 1/5 | 1/7 | 1/7 | 0.051 |
| 積 極 | | 1 | 1 | 1 | 0.300 |
| 企 意 | | | 1 | 1 | 0.325 |
| 責 任 | | | | 1 | 0.325 |

C.I. = 0.047

| 能力 | 決 斷 | 企 劃 | 外 交 | 統 率 | 重要度 |
|---|---|---|---|---|---|
| 決 斷 | 1 | 1 | 1/5 | 1/5 | 0.083 |
| 企 劃 | | 1 | 1/5 | 1/5 | 0.083 |
| 外 交 | | | 1 | 1 | 0.417 |
| 統 率 | | | | 1 | 0.417 |

C.I. = 0

### (5)5 位候選人的評價

　　就層次 3 的主要項目即「業務・企劃」，「營業・國際」，「責任感」，「外交力」，「統率力」評價 5 位候選人的情形如表 3.30～表 3.34（其他省略）。

　　根據這些評價，就分店長 I、II、III 計算 5 位候選人的總分，即為圖 3.5～圖 3.7 的最終層次的數字。由此值向各分店長推薦的順位如下：

　　分店 I……B，C，A，D，E

　　分店 II……D，B，A，C，E

　　分店 III……D，E，A，B

## 表 3.30　業務・企劃

| 業・企 | A | B | C | D | E | 重要度 |
|---|---|---|---|---|---|---|
| A | 1 | 1/5 | 1 | 1/7 | 1/9 | 0.038 |
| B | | 1 | 5 | 1 | 1/7 | 0.156 |
| C | | | 1 | 1/7 | 1/9 | 0.038 |
| D | | | | 1 | 1/3 | 0.206 |
| E | | | | | 1 | 0.562 |

C.I. = 0.063

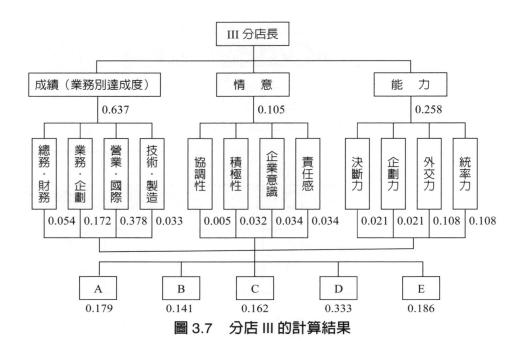

**圖 3.7 分店 III 的計算結果**

### 表 3.31 營業 · 國際

| 營·國 | A | B | C | D | E | 重要度 |
|---|---|---|---|---|---|---|
| A | 1 | 3 | 1 | 1/5 | 5 | 0.168 |
| B | | 1 | 1/5 | 1/9 | 1/3 | 0.040 |
| C | | | 1 | 1/5 | 3 | 0.158 |
| D | | | | 1 | 7 | 0.568 |
| E | | | | | 1 | 0.067 |

C.I. = 0.079

### 表 3.32 責任感

| 責任 | A | B | C | D | E | 重要度 |
|---|---|---|---|---|---|---|
| A | 1 | 1/3 | 1/7 | 1/3 | 1/3 | 0.054 |
| B | | 1 | 1/3 | 1 | 1 | 0.153 |
| C | | | 1 | 3 | 5 | 0.482 |
| D | | | | 1 | 3 | 0.197 |
| E | | | | | 1 | 0.115 |

C.I. = 0.038

表 3.33 外交力

| 外交 | A | B | C | D | E | 重要度 |
|------|-----|-----|-----|-----|-----|--------|
| A | 1 | 7 | 5 | 3 | 7 | 0.525 |
| B | | 1 | 1/3 | 1/5 | 1/3 | 0.045 |
| C | | | 1 | 1/3 | 1 | 0.100 |
| D | | | | 1 | 3 | 0.236 |
| E | | | | | 1 | 0.094 |

C.I. = 0.037

表 3.34 統率力

| 統率 | A | B | C | D | E | 重要度 |
|------|-----|-----|-----|-----|-----|--------|
| A | 1 | 1/7 | 1/5 | 1/5 | 1 | 0.049 |
| B | | 1 | 3 | 3 | 7 | 0.479 |
| C | | | 1 | 1 | 5 | 0.211 |
| D | | | | 1 | 5 | 0.211 |
| E | | | | | 1 | 0.049 |

C.I. = 0.023

## (6) 考察

在分店 I 與分店 III 中得分最高的候選人較其他人均處於優位，但分店 II 則看不出太大的差異。此事表示有需要再深入檢討。一般來說評價項目多並不一定保證判斷的客觀性。因爲項目間之相關性有可能變高之緣故，對於此事擬在第 4 章中說明。與其集中於獨立性高的項目，不如使之構造簡單更可獲得有說服性的結論。

本模式的特徵在於如下幾點。對於經過有制度的人事選拔過程所選拔出來的有能力人才進行審查，首先利用一對比較分析該職責所要求的資質、能力，使所要求的人物像明確化。其次就所選拔的候選人，進行各資質、能力的相對比較。最後，將所求出的人物分派到最適當的職位上。另外，對於職位數與候選人非常多的情形，根據各候選人對各職位的得分，利用求解分派問題即可決定最適組合。分派問題相當於第 4 章中擬說明之線形計畫法的特殊例子，這是爲了求解此種組合型問題所廣泛使用之方法。

# 3-4 半導體工廠的用地選定

## (1) 狀況

Y 公司擬購入新的土地來建設半導體的最新工廠，目前正在物色該用地之中。

從許多的備選用地之中過濾，目前剩下的是以下 3 地區：

A（北部；a 縣 p 鎮）
B（中部；b 縣 q 鎮）
C（南部；c 縣 r 鎮）

Y 公司在檢討半導體工廠用地時，使用如表 3.35 的檢查表。對於此次的各備選用

### 表 3.35　用地選定查核表（一部分）

評價欄：◎有利，○稍有利，△普通或稍有問題，×有問題

| 要因 | 大分類 | 小分類 | 評價 | | |
|------|--------|--------|:---:|:---:|:---:|
| | | | A | B | C |
| 技術的要因 | 用地的狀況 | 地盤、地耐力 | ◎ | ◎ | ◎ |
| | | 用地的寬度（將來性） | ◎ | ○ | ◎ |
| | | 周圍的環境 | ○ | ○ | ◎ |
| | | 道路狀況 | ○ | ○ | ○ |
| | 水的供給 | 給水能力 | ◎ | ◎ | ◎ |
| | | 水質 | ◎ | ◎ | ◎ |
| | 電力供給 | 電力量 | ◎ | ◎ | ◎ |
| | | 停電（含瞬停） | △ | △ | △ |
| | 支援工程 | 瓦斯的供給 | ◎ | ◎ | ○ |
| | | 藥品的供給 | ○ | ○ | ○ |
| | | 材料的供給 | ◎ | ○ | ◎ |
| | | 設備的維護 | ◎ | ○ | ◎ |
| | 天候、天災 | 降雨量 | ○ | ○ | ○ |
| | | 積雪量 | ◎ | ◎ | △ |
| | | 地震 | ○ | ◎ | △ |
| | | 火山噴火 | ○ | ○ | ○ |
| | | 鹽害 | △ | △ | ○ |
| 經濟的要因 | 初期投資 | 土地（含造成） | ◎ | ○ | ○ |
| | | 建設成本 | ◎ | ○ | ○ |
| | | 自來水 | ◎ | ◎ | ◎ |
| | | 送電設備 | ○ | ○ | ○ |
| | 能源成本 | 水的成本 | ◎ | ◎ | ◎ |
| | | 電力費 | △ | △ | △ |
| | | 材料成本 | ○ | ○ | ○ |
| | 交通、輸送 | 技術者的方便 | ◎ | ○ | ○ |
| | | 營業其他方便 | ◎ | ○ | ○ |
| | | 產品輸送方便 | ◎ | ○ | ○ |
| | 稅金、獎勵制度 | 稅金 | ○ | ○ | ○ |
| | | 各種獎勵制度 | ○ | ○ | ○ |
| | 勞動 | 勞動力的確保 | ◎ | ◎ | ○ |

### 表 3.35　用地選定查核表（一部分）（續）

| 要因 | 大分類 | 小分類 | 評價 A | B | C |
|---|---|---|---|---|---|
| 經濟的要因 | 勞動 | 薪資率 | ◎ | ○ | ◎ |
| | | 勞動力品質 | ◎ | ◎ | ◎ |
| | | 大學程度的確保 | ○ | △ | ◎ |
| | | 勞動運動 | ◎ | ◎ | ◎ |
| | 公家機關 | 對產業的態勢 | ◎ | ◎ | ◎ |
| | | 離公家機關的距離 | ○ | ○ | ○ |
| 社會的要因 | 各種法規限制 | 工廠立地法 | ◎ | ◎ | ◎ |
| | | 建築基準法 | ◎ | ◎ | ◎ |
| | | 公害防止條例 | ○ | ○ | ○ |
| | | 消防法 | ○ | ○ | ○ |
| | 地域特性 | 生活費 | ◎ | ○ | ◎ |
| | | 輪班制 | ○ | ◎ | ○ |
| | | 缺勤率 | ○ | ◎ | ○ |
| | | 轉動 | ◎ | ○ | △ |
| | | 生產力 | ○ | ○ | ○ |
| | 住宅事情 | 公司住宅的確保 | ○ | ◎ | ◎ |
| | | 從業員持家的容易性 | ○ | △ | ◎ |
| | | 從宅地的距離 | ◎ | ○ | ◎ |
| | 教育、福祉 | 通學的方便 | ◎ | ○ | ◎ |
| | | 教育的水準 | ○ | ◎ | ○ |
| | | 醫療服務 | ○ | ◎ | ○ |
| | | 醫院 | ◎ | ◎ | ○ |
| | 文化、購物 | 文化設施 | ○ | ○ | ○ |
| | | 購物的方便 | ◎ | ○ | ◎ |
| | | 警察、派出所 | ◎ | ○ | ◎ |
| | | 消防 | ○ | ○ | ○ |
| | | 飲食街 | ◎ | ○ | ◎ |

地也利用此檢查表過濾，合格者剩下上記的 A、B、C 三地區。三地區均從許多的角逐者中脫穎出來，難分軒輊，光從檢查表的評價欄似乎也無法看出優劣。

因此，決定使用 AHP 比較 3 個備選地區看看。

## (2) 階層圖

參與土地選定的工程人員、管理階層、新工廠籌備處人員（有許多成員均打算移入新工廠正著手土地選定作業）對技術上的要因、經濟上的要因、社會上的要因設定比重，因有微妙的不同，意見難以一致。因此將此 3 組當作對象人物引進，做成如圖 3.8 的階層圖。

在製作階層圖時，3 個備選地區在檢查表上有同一評價的項目者則除外。

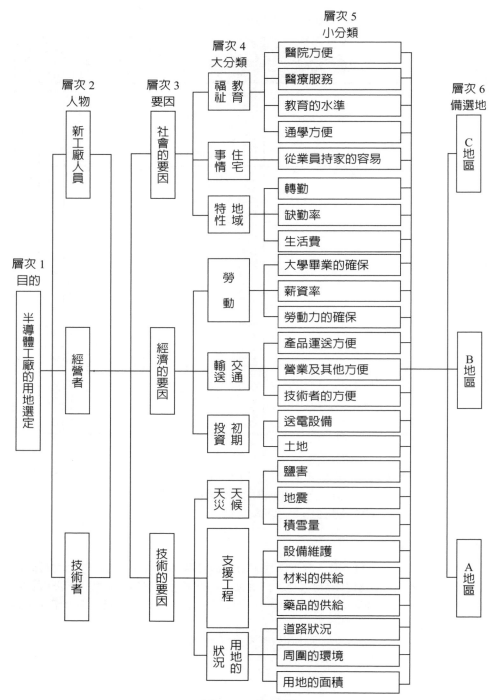

圖 3.8　階層圖

## (3) 一對比較與重要度之決定

### 1. 層次2

層次 2 的對象人物的一對比較分成 3 個情況來進行。

情況 1……重視「最新工廠」之情形（表 3.36）。

情況 2……當作「戰略據點」來掌握之情形（表 3.37）。

情況 3……尊重「新工廠人員」的意向之情形（表 3.38）。

| 表 3.36　「最新工廠」 | | | |
|---|---|---|---|
| 層次2 | 技術者 | 經營者 | 新工廠人員 |
| 技術者 | 1 | 5 | 3 |
| 經營者 | | 1 | 1/3 |
| 新工廠人員 | | | 1 |
| 重要度 | 0.637 | 0.105 | 0.258 |

| 表 3.37　「戰略據點」 | | |
|---|---|---|
| 技術者 | 經營者 | 新工廠人員 |
| 1 | 1 | 3 |
| | 1 | 3 |
| | | 1 |
| 0.429 | 0.429 | 0.143 |

| 表 3.38　「新工廠人員」 | | |
|---|---|---|
| 技術者 | 經營者 | 新工廠人員 |
| 1 | 5 | 1 |
| | 1 | 1/5 |
| | | 1 |
| 0.455 | 0.091 | 0.455 |

各情況中對象人物的比重情形如下：

情況 1……技術者（0.637），經營者（0.105），新工廠人員（0.258）。

情況 2……技術者（0.429），經營者（0.429），新工廠人員（0.143）。

情況 3……技術者（0.455），經營者（0.091），新工廠人員（0.455）。

不管是哪一情況應注意的是「技術者」的比重最高。

### 2. 層次3

與層次 3 的要因有關的一對比較與重要度，表示於表 3.39～表 3.41 之中。對任一對象人物來說，「技術的要因」知最為重要。

### 3. 層次4

與層次 4 的項目有關的一對比較與重要度，說明於表 3.42～表 3.44。之中。在技術的要因之中，「用地」的比重最高，是最引人注目的。

### 4. 層次5

從表 3.45 到表 3.52 是說明層次 5 的各項目的一對比較與重要度。在「用地」的狀況之中，「用地的面積」與「周圍的環境」的比重最高。在支撐產業之中，「設備維修」的比重最高。

### 5. 層次6

關於層次 5 的小分數項目的備選用地 A、B、C 的一對比較，表示在表 3.53 之中。重要度記在各表的下方。

### 表3.39　「技術者」

| 層次3 | 技術 | 經濟 | 社會 |
|---|---|---|---|
| 技　術 | 1 | 5 | 7 |
| 經　濟 | | 1 | 3 |
| 社　會 | | | 1 |
| 重要度 | 0.731 | 0.188 | 0.081 |

### 表3.40　「經營者」

| 技術 | 經濟 | 社會 |
|---|---|---|
| 1 | 3 | 4 |
| | 1 | 2 |
| | | 1 |
| 0.625 | 0.238 | 0.136 |

### 表3.41　「新工廠要員」

| 技術 | 經濟 | 社會 |
|---|---|---|
| 1 | 5 | 3 |
| | 1 | 1/3 |
| | | 1 |
| 0.637 | 0.105 | 0.258 |

### 表3.42　「技術的要因」

| 層次4 | 地點 | 支援 | 天候 |
|---|---|---|---|
| 地　點 | 1 | 3 | 5 |
| 支　援 | | 1 | 3 |
| 天　候 | | | 1 |
| 重要度 | 0.637 | 0.258 | 0.105 |

### 表3.43　「經濟的要因」

| 層次4 | 初投 | 交通 | 勞動 |
|---|---|---|---|
| 初期投資 | 1 | 3 | 1/3 |
| 交　通 | | 1 | 1/5 |
| 勞　動 | | | 1 |
| 重要度 | 0.258 | 0.105 | 0.637 |

### 表3.44　「社會的要因」

| 層次4 | 地域 | 住宅 | 教育 |
|---|---|---|---|
| 地　域 | 1 | 5 | 3 |
| 住　宅 | | 1 | 1/4 |
| 教　育 | | | 1 |
| 重要度 | 0.627 | 0.094 | 0.280 |

### 表3.45　「地點」

| 層次5 | 寬度 | 環境 | 道路 |
|---|---|---|---|
| 寬　度 | 1 | 3 | 7 |
| 環　境 | | 1 | 5 |
| 道　路 | | | 1 |
| 重要度 | 0.649 | 0.279 | 0.072 |

### 表3.46　「支援工程」

| 層次5 | 藥品 | 材料 | 設備 |
|---|---|---|---|
| 藥　品 | 1 | 3 | 1/7 |
| 材　料 | | 1 | 1/9 |
| 設　備 | | | 1 |
| 重要度 | 0.149 | 0.066 | 0.785 |

### 表3.47　「天候、天災」

| 層次5 | 積雪 | 地震 | 鹽害 |
|---|---|---|---|
| 積　雪 | 1 | 1/5 | 1/3 |
| 地　震 | | 1 | 4 |
| 鹽　害 | | | 1 |
| 重要度 | 0.101 | 0.674 | 0.226 |

### 表3.48　「初期投資」

| 層次5 | 土地 | 送電 |
|---|---|---|
| 土　地 | 1 | 7 |
| 送　電 | | 1 |
| 重要度 | 0.875 | 0.125 |

### 表3.49　「交通、輸送」

| 層次5 | 技術者 | 營業 | 製品 |
|---|---|---|---|
| 技術者 | 1 | 8 | 3 |
| 營　業 | | 1 | 1/5 |
| 製　品 | | | 1 |
| 重要度 | 0.661 | 0.067 | 0.272 |

### 表3.50　「勞動」

| 層次5 | 勞動力 | 薪資率 | 大學畢 |
|---|---|---|---|
| 勞動力 | 1 | 5 | 7 |
| 薪資率 | | 1 | 5 |
| 大學畢 | | | 1 |
| 重要度 | 0.715 | 0.218 | 0.067 |

### 表 3.51 「地域特性」

| 層次5 | 生活費 | 缺勤 | 轉職 |
|---|---|---|---|
| 生活費 | 1 | 5 | 3 |
| 缺　勤 | | 1 | 1/3 |
| 轉　職 | | | 1 |
| 重要度 | 0.637 | 0.105 | 0.258 |

### 表 3.52 「教育、福祉」

| 層次5 | 通學 | 教育水準 | 醫療服務 | 醫院 |
|---|---|---|---|---|
| 通　學 | 1 | 5 | 7 | 3 |
| 教育水準 | | 1 | 5 | 1/3 |
| 醫療服務 | | | 1 | 1/5 |
| 醫　院 | | | | 1 |
| 重要度 | 0.556 | 0.136 | 0.049 | 0.259 |

### 表 3.53 層次 6 的評價

用地的面積

| 層次6 | A | B | C |
|---|---|---|---|
| A | 1 | 3 | 1/3 |
| B | | 1 | 1/5 |
| C | | | 1 |
| 重要度 | 0.258 | 0.105 | 0.637 |

周圍的環境

| | A | B | C |
|---|---|---|---|
| | 1 | 3 | 1/5 |
| | | 1 | 1/7 |
| | | | 1 |
| | 0.188 | 0.081 | 0.731 |

道路狀況

| | A | B | C |
|---|---|---|---|
| | 1 | 1 | 1/3 |
| | | 1 | 1/3 |
| | | | 1 |
| | 0.2 | 0.2 | 0.6 |

藥品供給

| 層次6 | A | B | C |
|---|---|---|---|
| A | 1 | 3 | 3 |
| B | | 1 | 5 |
| C | | | 1 |
| 重要度 | 0.637 | 0.258 | 0.105 |

材料供給

| | A | B | C |
|---|---|---|---|
| | 1 | 3 | 1/3 |
| | | 1 | 1/5 |
| | | | 1 |
| | 0.258 | 0.105 | 0.637 |

設備維護

| | A | B | C |
|---|---|---|---|
| | 1 | 7 | 9 |
| | | 1 | 3 |
| | | | 1 |
| | 0.785 | 0.149 | 0.066 |

積雪量

| 層次6 | A | B | C |
|---|---|---|---|
| A | 1 | 1 | 7 |
| B | | 1 | 7 |
| C | | | 1 |
| 重要度 | 0.467 | 0.467 | 0.067 |

地震

| | A | B | C |
|---|---|---|---|
| | 1 | 1/5 | 3 |
| | | 1 | 9 |
| | | | 1 |
| | 0.178 | 0.751 | 0.070 |

鹽害

| | A | B | C |
|---|---|---|---|
| | 1 | 1 | 1/5 |
| | | 1 | 1/5 |
| | | | 1 |
| | 0.143 | 0.143 | 0.714 |

## 表 3.53　層次 6 的評價（續）

### 土地（含造成）

| 層次 6 | A | B | C |
|---|---|---|---|
| A | 1 | 4 | 1/3 |
| B | | 1 | 1/3 |
| C | | | 1 |
| 重要度 | 0.614 | 0.117 | 0.268 |

### 送電設備

| | A | B | C |
|---|---|---|---|
| | 1 | 1/3 | 1/5 |
| | | 1 | 1/4 |
| | | | 1 |
| | 0.101 | 0.226 | 0.674 |

### 技術者方便

| | A | B | C |
|---|---|---|---|
| | 1 | 1 | 5 |
| | | 1 | 4 |
| | | | 1 |
| | 0.466 | 0.433 | 0.100 |

### 營業及其他方便

| 層次 6 | A | B | C |
|---|---|---|---|
| A | 1 | 1 | 4 |
| B | | 1 | 3 |
| C | | | 1 |
| 重要度 | 0.458 | 0.416 | 0.126 |

### 產品運送的方便

| | A | B | C |
|---|---|---|---|
| | 1 | 2 | 3 |
| | | 1 | 2 |
| | | | 1 |
| | 0.540 | 0.297 | 0.163 |

### 勞動力的確保

| | A | B | C |
|---|---|---|---|
| | 1 | 3 | 7 |
| | | 1 | 5 |
| | | | 1 |
| | 0.649 | 0.279 | 0.072 |

### 薪資率

| 層次 6 | A | B | C |
|---|---|---|---|
| A | 1 | 3 | 2 |
| B | | 1 | 1/2 |
| C | | | 1 |
| 重要度 | 0.540 | 0.163 | 0.297 |

### 大學畢

| | A | B | C |
|---|---|---|---|
| | 1 | 3 | 1/5 |
| | | 1 | 1/7 |
| | | | 1 |
| | 0.188 | 0.081 | 0.731 |

### 生活費

| | A | B | C |
|---|---|---|---|
| | 1 | 3 | 1/3 |
| | | 1 | 1/5 |
| | | | 1 |
| | 0.258 | 0.105 | 0.637 |

### 缺勤率

| 層次 6 | A | B | C |
|---|---|---|---|
| A | 1 | 1/3 | 2 |
| B | | 1 | 4 |
| C | | | 1 |
| 重要度 | 0.238 | 0.625 | 0.137 |

### 轉職

| | A | B | C |
|---|---|---|---|
| | 1 | 3 | 7 |
| | | 1 | 5 |
| | | | 1 |
| | 0.649 | 0.279 | 0.072 |

### 住宅事情（從業員持家）

| | A | B | C |
|---|---|---|---|
| | 1 | 1/3 | 1/7 |
| | | 1 | 1/5 |
| | | | 1 |
| | 0.081 | 0.188 | 0.731 |

### 通學

| 層次 6 | A | B | C |
|---|---|---|---|
| A | 1 | 2 | 5 |
| B | | 1 | 3 |
| C | | | 1 |
| 重要度 | 0.582 | 0.309 | 0.109 |

### 教育水準

| | A | B | C |
|---|---|---|---|
| | 1 | 1/2 | 1/5 |
| | | 1 | 1/3 |
| | | | 1 |
| | 0.122 | 0.230 | 0.648 |

### 醫療、服務

| | A | B | C |
|---|---|---|---|
| | 1 | 1/5 | 3 |
| | | 1 | 7 |
| | | | 1 |
| | 0.188 | 0.731 | 0.081 |

## 表 3.53　（續）

醫院

| 層次6 | A | B | C |
|---|---|---|---|
| A | 1 | 1/3 | 7 |
| B | | 1 | 8 |
| C | | | 1 |
| 重要度 | 0.297 | 0.645 | 0.058 |

## (4) 綜合得分

　　累積以上的一對比較得到各備選用地的綜合得分（表 3.54）。由此表知，備選地 C 對 3 種情況的任一情形均為第一位，與 A 之差異極少。情況 1 的各項目的重要度，表示在圖 3.9 之中。

　　各層次所重視的項目如下：

層次 2……技術者、新工廠要員

層次 3……技術的要因

層次 4……地點的狀況、支撐產業、勞動

層次 5……用地的面積、設備維修、周圍的環境、勞動力的確保、生活費、地震

今將與層次 5 的各主要項目有關的備選用地 A 與 C 的得分表示在表 3.55 之中。

### 表 3.54　綜合得分

| 地區＼情況 | 1 | 2 | 3 | 順位 |
|---|---|---|---|---|
| A | 0.3941 | 0.3997 | 0.3902 | ② |
| B | 0.1920 | 0.1933 | 0.1940 | ③ |
| C | 0.4139 | 0.4071 | 0.4159 | ① |

### 表 3.55　關於主要項目備選地 A 與 C 之比較（情況 1）

| 地區＼項目＼比重 | 用地面積 0.288 | 設備維護 0.141 | 周圍的環境 0.124 | 勞動力的確保 0.078 | 生活費 0.053 | 地震 0.049 |
|---|---|---|---|---|---|---|
| A | 0.074 | 0.111 | 0.023 | 0.051 | 0.014 | 0.009 |
| C | 0.183 | 0.009 | 0.091 | 0.006 | 0.034 | 0.003 |

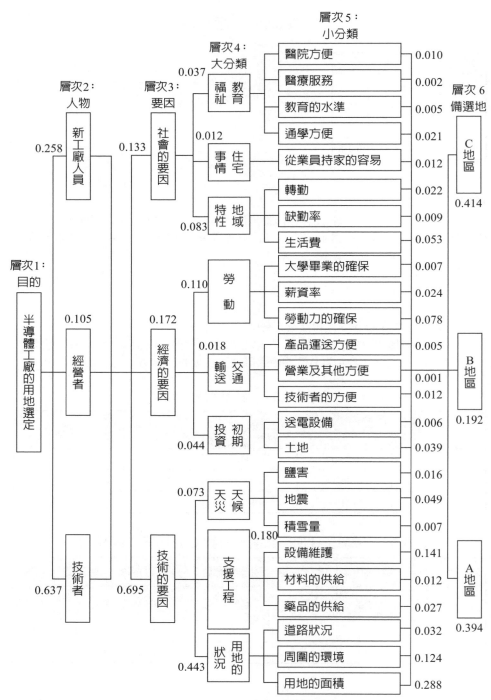

**圖 3.9　情況 1 的計算結果**

由此知 A 與 C 有甚大的差異，是在於如下幾點：

在「設備維修」與「勞動力的確保」兩點上，A 優於 C。

在「用地的面積」與「周圍的環境」兩點上，C 優於 A。

這是表示各自的地域特性，將這些加以總合即可得出如上記的評分。另外，此處雖然省略，而在情況 2、情況 3 中此特徵也完全相同。

## (5) 結果

AHP 分析的結果，知在情況 1、2、3 的所有情況之中，候選用地 C 的分數最高。可是，C 與備選用地 A 之差異在各情況之中並無太大之差異。

以現階段的結果來說，雖可認為結論尚能理解，而現狀中各種的調查也未完成，隨著今後調查的進行，各層次的比重設定想必也會微妙的變化，因之此處只集中於備選用地 C 是危險的。

另外，對於 AHP 的利用，此次也是初次嘗試，譬如，(1) 在階層圖之中對象人物的位置在層次 2 是否妥當呢？(2) 將檢查表的評價（層次 4）相同者從階層圖中除去這是否妥當呢？(3) 相關性高的項目重複是否會有不公平的得分呢？……等等今後需要檢討的地方也有很多。

因此，將本次的結果作為參考，將備選用地集中在 A 與 C 二個地區之後，再進行詳細的現地調查，同時對 AHP 的用法也加以檢討之後再提出最終結論想來是最好的。

### 主成分分析與AHP

針對對稱矩陣 A 求解特徵值問題，一面按特徵值大小順序取出一面分析現象之性質的方法有主成分分析法。這是多變量解析的工具之一，經常加以使用。AHP 的一對比較矩陣 A 雖然是非對稱矩陣，但從此矩陣的特徵來看，本質上秩有接近 1 之性質。此時有意義之特徵值與特徵向量僅有 1 組，這在理論上是可以理解的。AHP 也可以看成是矩陣秩為 1 的主成分分析。

# Note

# 第4章
## 擴張篇

AHP 的擴張版是就「費用對利益分析」與「前進、後退過程法」加以敘述。其次就 AHP 中重要問題的項目間的獨立性、從屬性進行解說。最後，敘述 AHP 與其他決策方法的不同點，與這些手法併用，對兩者而言，是具有充分互補性的。

本章內容

# 4-1 利用AHP的「費用／利益分析」

假定利用 AHP 之分析，進行了幾個專案的重要度的比較。由於參照種種的評價基準總合的予以進行此重要度的決定，因之可以看成各個專案所具有的收益（Benefit）之比較，另一方面各專案所需要之費用如果知道的話，利用兩者之比即可計算每單位收益之費用。試著將此值由小而大排列，有助於檢討選擇專案是很明顯的。

但是費用的合計並非如此簡單。特別是此後新開始的專案更是如此。而且，此處所需要的並非是各專案所需費用之值，只是比而已，所以利用 AHP 計算各專案的費用的重要度，使用此計算費用對收益的比率時，那麼就變得有助於專案的選擇了。

站在此種觀點的一種方法，稱為利用 AHP 的「費用／收益分析」，與其他的方法最大的不同點，並非是所使用的金錢，甚至連難以換成金錢之要素也可當作費用引進來。此乃是從 AHP 具有的「特別單位不使用（unit free）」之性質所產生的。在以往的諸多事例中，費用項目與其他的項目被引進到相同的階層之中，而此處將費用另行提出此點為其特徵所在。以下根據簡單的例子說明「費用／收益分析法」。

## ◆接待組具的選定

在某辦公室裡為了更換接待組具，正蒐集目錄檢討之中。考慮預算、機能、用途等剩下了 5 個備選組具（A、B、C、D、E，參照後面之圖片）。為了從中選一，擬使用 AHP「費用／收益分析」看看。

### (1) 收益的分析
#### 1. 階層構造
關於收益的階層，首先分成「機能」與「設計」，以機能的子項目來說，舉出有「用途的合適性」，「大小」，「多樣性」，「材質」，「舒適性」；以設計的子項目來說，舉出有「現代性」，「色彩」，「與周邊的調和」，「穩健」，「造型美」。如此得出圖 4.1 的階層圖。
#### 2. 項目間的一對比較與重要度的決定
層次 2 的一對比較與重要度表示在表 4.1；層次 3 的一對比較與重要度表示在表 4.2；層次 4 的則表示在表 4.3 之中。在層次 2 中因為重視「機能」其占有 75% 的甚大比重，剩下的 25% 則是「設計」的比重。
#### 3. 關於收益的總合重要度
如圖 4.1 所示，各組具的「收益」的總合比重如下：

A……0.103

B……0.215

C……0.304

D……0.229

E……0.149

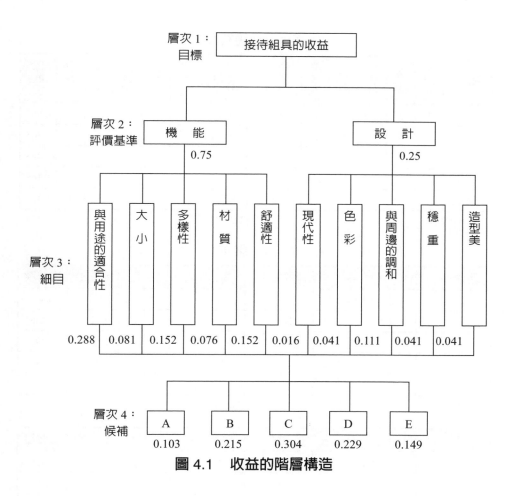

**圖 4.1　收益的階層構造**

表 4.1　層次 2

|  | 機能 | 設計 | 重要度 |
|---|---|---|---|
| 機　能 | 1 | 3 | 0.75 |
| 設　計 |  | 1 | 0.25 |

C.I. = 0

## 表 4.2　層次 3

| 機能 | 用途 | 大小 | 多樣性 | 材質 | 舒適性 | 重要度 |
|---|---|---|---|---|---|---|
| 用　　途 | 1 | 3 | 2 | 4 | 2 | 0.385 |
| 大　　小 | | 1 | 1/2 | 1 | 1/2 | 0.108 |
| 多樣性 | | | 1 | 2 | 1 | 0.203 |
| 材　　質 | | | | 1 | 1/2 | 0.102 |
| 舒適性 | | | | | 1 | 0.203 |

C.I. = 0.002

| 設計 | 現代性 | 色彩 | 調和 | 穩重 | 造型美 | 重要度 |
|---|---|---|---|---|---|---|
| 現代性 | 1 | 1/3 | 1/5 | 1/3 | 1/3 | 0.063 |
| 色　彩 | | 1 | 1/3 | 1 | 1 | 0.165 |
| 調　和 | | | 1 | 3 | 3 | 0.443 |
| 穩　重 | | | | 1 | 1 | 0.165 |
| 造型美 | | | | | 1 | 0.165 |

C.I. = 0.010

## 表 4.3　層次 4

| 用途 | A | B | C | D | E | 重要度 |
|---|---|---|---|---|---|---|
| A | 1 | 1/3 | 1/5 | 1/4 | 1/2 | 0.063 |
| B | | 1 | 1/3 | 1 | 3 | 0.208 |
| C | | | 1 | 2 | 3 | 0 409 |
| D | | | | 1 | 2 | 0.213 |
| E | | | | | 1 | 0.106 |

C.I. = 0.028

| 大小 | A | B | C | D | E | 重要度 |
|---|---|---|---|---|---|---|
| A | 1 | 1/2 | 1/4 | 1/4 | 1/3 | 0.068 |
| B | | 1 | 1/3 | 1 | 1 | 0.156 |
| C | | | 1 | 2 | 3 | 0.393 |
| D | | | | 1 | 3 | 0.247 |
| E | | | | | 1 | 0.137 |

C.I. = 0.045

| 多樣性 | A | B | C | D | E | 重要度 |
|---|---|---|---|---|---|---|
| A | 1 | 1/3 | 1/5 | 1/5 | 1 | 0.074 |
| B | | 1 | 1/2 | 1/2 | 2 | 0.186 |
| C | | | 1 | 1 | 2 | 0.312 |
| D | | | | 1 | 2 | 0.312 |
| E | | | | | 1 | 0.116 |

C.I. = 0.029

| 材質 | A | B | C | D | E | 重要度 |
|---|---|---|---|---|---|---|
| A | 1 | 1 | 1/3 | 1/2 | 1 | 0.130 |
| B | | 1 | 1 | 1/2 | 2 | 0.190 |
| C | | | 1 | 1 | 3 | 0.289 |
| D | | | | 1 | 2 | 0.279 |
| E | | | | | 1 | 0.112 |

C.I. = 0.031

### 表 4.3　層次 4（續）

| 舒適性 | A | B | C | D | E | 重要性 |
|---|---|---|---|---|---|---|
| A | 1 | 1/2 | 1/5 | 1/4 | 1/3 | 0.064 |
| B | | 1 | 1/3 | 1/2 | 3 | 0.178 |
| C | | | 1 | 1 | 2 | 0.330 |
| D | | | | 1 | 3 | 0.307 |
| E | | | | | 1 | 0.122 |

C.I. = 0.061

| 現代性 | A | B | C | D | E | 重要度 |
|---|---|---|---|---|---|---|
| A | 1 | 3 | 3 | 3 | 1 | 0.346 |
| B | | 1 | 2 | 2 | 1/2 | 0.167 |
| C | | | 1 | 1 | 1/2 | 0.108 |
| D | | | | 1 | 1/2 | 0.108 |
| E | | | | | 1 | 0.271 |

C.I. = 0.024

| 色彩 | A | B | C | D | E | 重要度 |
|---|---|---|---|---|---|---|
| A | 1 | 1/3 | 1 | 1/2 | 1/3 | 0.098 |
| B | | 1 | 2 | 3 | 2 | 0.368 |
| C | | | 1 | 1/2 | 1/2 | 0.118 |
| D | | | | 1 | 1/2 | 0.164 |
| E | | | | | 1 | 0.251 |

C.I. = 0.037

| 調和 | A | B | C | D | E | 重要度 |
|---|---|---|---|---|---|---|
| A | 1 | 1/2 | 3 | 2 | 1/2 | 0.193 |
| B | | 1 | 3 | 2 | 2 | 0.338 |
| C | | | 1 | 1/2 | 1/3 | 0.079 |
| D | | | | 1 | 1/2 | 0.133 |
| E | | | | | 1 | 0.256 |

C.I. = 0.037

| 穩重 | A | B | C | D | E | 重要度 |
|---|---|---|---|---|---|---|
| A | 1 | 1/3 | 1/4 | 1/3 | 1/2 | 0.071 |
| B | | 1 | 1/2 | 2 | 3 | 0.259 |
| C | | | 1 | 3 | 3 | 0.395 |
| D | | | | 1 | 2 | 0.167 |
| E | | | | | 1 | 0.108 |

C.I. = 0.031

| 造型美 | A | B | C | D | E | 重要度 |
|---|---|---|---|---|---|---|
| A | 1 | 3 | 5 | 7 | 1 | 0.362 |
| B | | 1 | 3 | 5 | 1/3 | 0.161 |
| C | | | 1 | 3 | 1/5 | 0.076 |
| D | | | | 1 | 1/7 | 0.039 |
| E | | | | | 1 | 0.362 |

C.I. = 0.034

在層次 3 的子項目之中，比重的大小依序為「與用途的適合性」（0.288），「多樣性」（0.152），「舒適性」（0.152），「與周邊之調和」（0.111）。

## (2) 費用的分析

接待組具 A、B、C、D、E 的實際價格與其相對的比重，如表 4.4 所示。

可是，從預算範圍（20～35 萬元）來看時，此實際價格的比重不一定覺得正確。因此就價格進行一對比較以決定價格的比重。此時的詢問採取如下形式。

「A 與 B 相比，你覺得 A 比 B 貴幾倍呢？」

實施此種一對比較得出表 4.5。

由此表所計算之價格的比重如下：

A……0.075

B……0.128

C……0.447

D……0.235

E……0.114

與表 4.4 的比重相比時，C 的比重變高，連帶的使其他備選的比重變低。有關此價格之比重除以有關收益之比重，得出如下：

A……0.075/0.103 = 0.731　②

B……0.128/0.125 = 0.598　①

C……0.447/0.304 = 1.471　⑤

D……0.235/0.229 = 1.028　④

E……0.114/0.147 = 0.773　③

由於此值愈小，費用 / 收益愈好，因此本問題知喜歡的順序依序為 B，A，E，D，C。在「收益」位居第一的 C，卻落在最下位。被認為成本效益（cost performance）良好的 B，則位居第一。

### 表 4.4　各組具的價格與比重

| 組　具 | 價　格 | 比　重 |
|:---:|:---:|:---:|
| A | 17800 | 0.1184 |
| B | 28780 | 0.1914 |
| C | 39980 | 0.2659 |
| D | 37400 | 0.2487 |
| E | 26410 | 0.1756 |

表 4.5 有關「價格」的一對比較與重要度

| 價格 | A | B | C | D | E | 重要度 |
|---|---|---|---|---|---|---|
| A | 1 | 1/2 | 1/4 | 1/3 | 1/2 | 0.075 |
| B | | 1 | 1/3 | 1/2 | 1 | 0.128 |
| C | | | 1 | 3 | 4 | 0.447 |
| D | | | | 1 | 3 | 0.235 |
| E | | | | | 1 | 0.114 |

C.I. = 0.033

（圖片 A、B、C、D、E 請參 P.129～P.130）

A
17,800

B
28,780

C
39,980

D
37,400

E
26,410

（注意）根據實際的價格的比重計算費用／收益時，即成如下：

A……0.1184/0.103 = 1.149　④
B……0.1914/0.215 = 0.890　②
C……0.2659/0.304 = 0.875　①
D……0.2487/0.229 = 1.086　③
E……0.1756/0.147 = 1.195　⑤

此時順位依序為 C，B，D，A，E，而 C 位居第一。如考慮預算規模時，就會發生如上逆轉之情形。

## 外國中的AHP

在以美國為主的外國中，試列舉 AHP 的應用對象看看。
* 經濟問題與經營問題
* 能源問題（政策決定與資源分配）
* 醫療與健康
* 紛爭處理、軍縮問題、國際問題
* 採購與供應
* 人事與評價
* 專案選定
* 專案選定（資料庫管理系統）
* 投資組合選擇
* 教育問題
* 政策決定
* 社會學
* 投標
* 建築（設計、成本評價）
* 都市計畫
* 諮詢

這些例子的共同特徵是：①全部都是決策問題，②所有的問題均含有質的要素，而它占有重要任務。③定量化不易，未能提出之問題甚多。④大多數之情形，一對比較的對象數是 7～9 以下，階層的層次數在 3～7 左右。如果超出時輸入的資料會急激增加。⑤一般來說一對比較的評價者單數之情形居多。最後的部分也可看出美國化之情形。

以上是根據麻省理工學院的調查。

# 4-2 後退過程與其應用

利用 AHP 來做決策，藉著重複應用以下的 2 個過程，即可使之更接近現實。首先從與問題有關之現狀與目前所假定的諸政策利用 AHP 預測何種之方案結果會產生呢？稱此過程為「前進過程」（forward process），以前所敘述的 AHP 應用例幾乎都是前進過程型。如此預測出來的將來像對決策人員來說不一定是最理想的形態，有時最不好的方案也許是最容易產生的。由於如此是令人困擾的，乃相反的設定希望的將來像，為了實現它何種的方案是重要的呢？利用 AHP 來計算，稱此為「後退過程」（blackward process）。其次，引進由後退過程所提出的政策變更，實行第 2 次的前進過程。結果或許會浮現比前次更好的方案出來。可是，它也許還不是可以滿足的將來像。這時候再實施第 2 次的後退過程。像這樣交互重複應用「前進‧後退過程」直到得出可以滿意之方案為止。能應用此前進‧後退過程的對象，像企業的長期方針設定、衝突消除等。利用 AHP 作為戰略性或戰術性之目的時，此方法是有利的武器。其次，利用例題稍許詳細的解明此方法。

## ◆東京都地址遷移問題之分析

在第 1 章中所舉出的東京都地址遷移問題中，試將都知事所進行的決策過程根據 AHP 的前進‧後退過程分析看看。但是，省略一對比較等的數值上的處理，專門著眼於構造來解說此方法的特徵。

### (1) 第 1 次的前進過程（圖 4.2）

第 1 次的前進過程是根據與此問題有關的人員的立場與意見來實行。

以此問題的「壓力集團」來說，有「執政黨」、「在野黨」、「職員」、「地域代表」，如將它細分即如層次 3 的對象人物。層次 4 是表示對黨轉的各對象人物的「反應」。根據此反應來評價層次 5 的 2 個方案「贊成遷移」、「反對遷移」。對此問題最具影響力的是執政黨的自民黨。自民黨內存在有以墨東地區選出之都議會議員為中心的反對勢力，市長如強行此問題的處理，自民黨支部造成分裂的可能性甚高，果真如此連此案件本身即有被流放之虞。其他政黨也一面觀察自民黨的動向一面保持「不表態」的立場，在野黨總而言之是「反對」的。另一方面，職員工會也早做了「反對」的意思表示。

因此，為了平息「反對」的聲音，將「贊成」的意見當作多數派，市長即提示各種的政策，此即為第一次的後退過程。

### (2) 第 1 次的後退過程（圖 4.3）

在此過程中的目標是「促進贊成」。因之以方針來說在層次 2 中設定了「以贊成的線路來整合自民黨內部」、「將在野黨的決定轉向贊成」、「減弱在野黨的反對」、

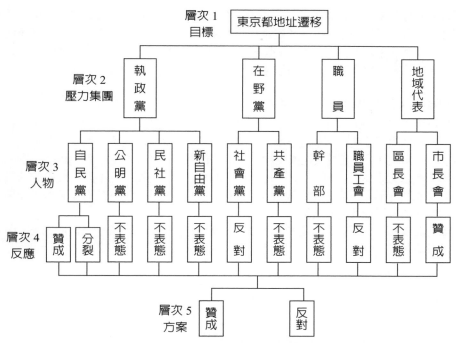

圖 4.2　第 1 次的前進過程

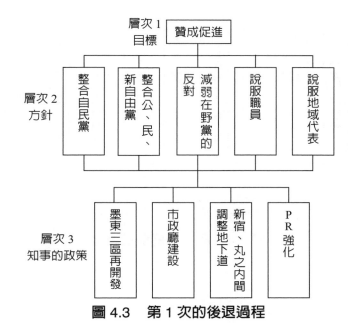

圖 4.3　第 1 次的後退過程

「實施職員對策」、「說服地域代表」，在層次 3，列舉市長的政策有「墨東三區再開發（包含江戶博物館）」、「建設市政大廳」、「建設新宿丸之內之間的高速地下道」、「強化 PR」等。利用此後退過程，基於促進贊成之目的，層次 2 的各方針具有多少的比重，以及層次 3 的各政策具有多少的重要度，需要加以分析。

### (3) 第 2 次的前進過程（圖 4.4）

依據第 1 次的後退過程所得到的重要度，市長向有關人員提示諸政策。結果，各對象人物的反應有了變化，並且方案的評價也改變。分析此變化即為第 2 次前進過程的目的。以層次 3「對市長政策的反應」來說，出現了與第 1 次的前進過程之情形有所不同。此處雖是當作反應 1、2、……，而其內容是各人物均有不同。反應的結果，如層次 5 的方案「贊成」的比重超過「反對」的話，即表示市長的政策有效。如果不然，就必須再提示其他的政策。

如前面所寫的，此處省略定量性的分析，而此方法的展開步驟由上記的例子來著想必是很清楚的。

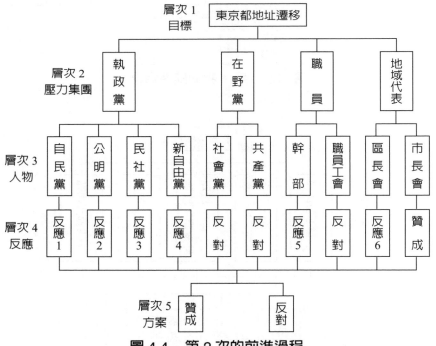

**圖 4.4　第 2 次的前進過程**

## (4) 前進・後退過程的步驟

前進・後退過程的一般展開步驟說明如下。可是依問題之不同有時內容也會有相當的不同，因之要多加注意。

【步驟 1】製作階層，包含現行的政策、對象人物、對象人物的目的，所考慮的幾個方案。

【步驟 2】將一對比較的比重就階層全體合成，進行方案的比重設定。

【步驟 3】根據上面的結果進行整個方案的評價。將此稱爲方案的「預估特性值」。

【步驟 4】設定所希望之方案的特性值（稱此爲「希望特性值」）。

【步驟 5】調查希望特性值與預估特性值之偏差。如此偏差在所能容許的範圍內即停止。如果偏差甚大則進入步驟 6。

【步驟 6】製作後退過程階層，將希望未來達成之問題點與解決的對策予以明確化。

【步驟 7】列入新政策、對策、想法之後，再實施一次前進過程。然後由此結果計算方案的預估特性值。回到步驟 5。

## (5) 決策與回饋環圈

在將決策予以集中的階段中，就某決策所發生之結果進行預測，在評價該預測之後再變更決定的內容，此種的試行錯誤也應進行數次。另外，一旦執行決定，進入實行階段之後，要不斷的注視事態的進行，視需要進行決定的變更。這些之機能稱爲「回饋機能」（參照圖 4.5）。這是在現代的控制系統中所不可欠缺的要素。AHP 的前進・後退過程，相當於在 AHP 中引進「回饋環圈」（feedback loop）。在「新 QC 七工具」中所包含的關聯圖、親和圖法、系統圖法，PDPC 法等也具有此機能，與 AHP 在許多的點上具有共同的特徵。基於此意，如將 AHP 當作 QC 的一種手法加以利用，想必可以期待效果。

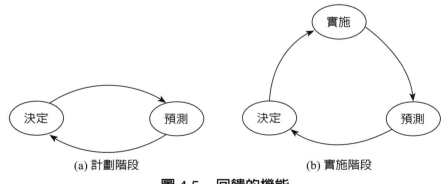

(a) 計劃階段　　　　　　　　　(b) 實施階段

**圖 4.5　回饋的機能**

## AHP的敏感度分析

　　將一對比較的某成分 $a_{ij}$ 之值加以若干的改變，觀察它的變化對結論有何種的影響，稱為關於成分的敏感度分析。

　　具體而言將 $a_{ij}$ 之值在現在之值的上下，以某種刻度大小上下使之移動看看，觀察總合重要度對該值的變化。對於此種目的，AHP 專用軟體頗有助益。此外，某要素的削除、追加等也是敏感度分析的對象。

# Note

# 4-3 關於獨立性與從屬性

AHP 的前提是同一層次所包含的各要素相互獨立，或者近於獨立的關係。此處獨立的意思是階層的上下關係不加以考慮，譬如在「評價基準」的層次中，假定有如下 3 個要素：

這些相互之間並無上下關係，所以是「獨立」的。如果是具有此種獨立性之要素時，利用一對比較製作矩陣，接著計算此矩陣之特徵值與特徵向量決定各要素的比重，那麼它就可以保證是正確的重要度。

但是，我們往往根據並非獨立──稱此為「從屬」──的要素去進行一對比較。如果它的從屬性小的話影響不大，因之並無實質上的弊害，而從屬性非常大時，對結果會有甚大的影響，也可能會發生使判斷錯誤的情形。此處就此種情形的問題點與解決的一種方法加以敘述。

## (1) 從屬性的弊害

假定不用上記 3 個評價基準而取出從屬性非常強烈的要素。以最極端之情形來說，3 個之中假定有 2 個相同。

味　　味　　形

一對比較的「形」/「味」之值以記號 $a$ 來表示時，一對比較矩陣即如表 4.6 所示。在此表的標題中有「味 $_1$」、「味 $_2$」，是為了區別味道而加上之名稱，實際上是相同的。

此一對比較矩陣具有完全的整合性，所以各要素的比重即簡單的加以決定。亦即：

因為　「味 $_1$」/「味 $_2$」= 1，所以　「味 $_1$」=「味 $_2$」
因為　「味 $_1$」/「形」= $a$，所以　「味 $_1$」= $a \times$「形」

因之各要素的比重成為如下：

$$「味 _1」= a/(2a + 1)$$
$$「味 _2」= a/(2a + 1)$$
$$「形」= 1/(2a + 1)$$

因之，「味」所具有的比重為：

$$「味 _1」+「味 _2」= 2a/(2a + 1)$$

導出了如下之錯誤結論，即：

$$\text{「味」}/\text{「形」} = 2a$$

當然，此值由最初的假定必須是 $a$。

表 4.6　一對比較

|  | 味$_1$ | 味$_2$ | 形 |
|---|---|---|---|
| 味$_1$ | 1 | 1 | $a$ |
| 味$_2$ |  | 1 | $a$ |
| 形 |  |  | ! |

表 4.7　正確的一對比較

|  | 味 | 形 |
|---|---|---|
| 味 | 1 | $a$ |
| 形 |  | ! |

錯誤的原因，不用說是引進了從屬性強的要素。因之從屬性強的要素即受到 2 倍的強調。

上列將要素濃縮成 2 個，假定是

味　　　　形

如進行一對比較，即如表 4.7，各要素的比重成為

$$\text{「味」} = a/(a + 1)$$
$$\text{「形」} = 1/(a + 1)$$

即可得出正確的評價值。

上例雖然是極端之情形，然而將從屬性強的項目放在同一層次中時就會犯如上的錯誤。於是得出如下之指針。

「同一層次的要素之中不要放入從屬性強的要素」，若無論如何非放入不可時，「將從屬性強的要素統合成一個要素，與其他的要素進行一對比較」。

然後在已統合之要素之下的層次中，添寫有從屬性的要素，只在該部分進行局部性的處理。從圖 4.6a 變形成圖 4.6b 之後再應用 AHP。

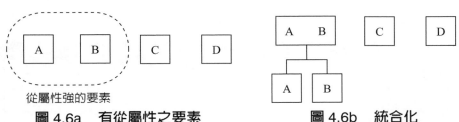

從屬性強的要素

圖 4.6a　有從屬性之要素　　　　　圖 4.6b　統合化

## (2) 除去從屬性的方法

然而像上述的處理對要素的統合化不易之情形是無法適用的，對此種情形的解決方法以簡單的例子來說明。

今有「私立高中之風評」的主題：對此主題擬決定「學校」、「學生」、「父兄」所具有的比重，在「學校」之中包含有教員之素質、學校設備、傳統等。評價基準取「智育」、「德育」、「體育」。階層圖如圖 4.7 所示。層次 2 的「智育」、「德育」、「體育」縱然可以看成獨立，而層次 3 的「學校」、「學生」、「父兄」被認為從屬關係甚高。好的學校會吸收好的學生前來，相反的，奸學生集合在一起就使學校變好。此外，父兄如果熱心的話，學校就會某種程度的變好，此類關係是存在的。

首先假定各人物獨立，分別決定它們的比重。

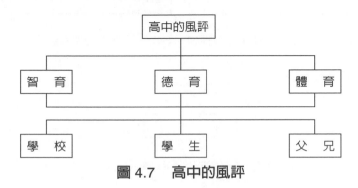

圖 4.7　高中的風評

## (3) 假定獨立時的比重

應用 AHP，得出層次 2 的重要度為

智育……0.637
德育……0.258
體育……0.105

其次對智育、德育、體育的各評價基準決定層次 3 的人物的貢獻度（表 4.9(a)、(b)、(c)）。然後求各人物的綜合得分。如此得出如下的結果。

表 4.8　層次 2

| | 智育 | 德育 | 體育 | 重要度 |
|---|---|---|---|---|
| 智育 | 1 | 3 | 5 | 0.637 |
| 德育 | | 1 | 3 | 0.258 |
| 體育 | | | 1 | 0.105 |

C.I. = 0.02

## 表 4.9　層次 3

(a)

| 智育 | 學校 | 學生 | 父兄 | 重要度 |
|---|---|---|---|---|
| 學校 | 1 | 3 | 5 | 0.648 |
| 學生 | | 1 | 2 | 0.230 |
| 父兄 | | | 1 | 0.122 |

C.I. = 0.002

(b)

| 德育 | 學校 | 學生 | 父兄 | 重要度 |
|---|---|---|---|---|
| 學校 | 1 | 5 | 1/2 | 0.333 |
| 學生 | | 1 | 1/7 | 0.075 |
| 父兄 | | | 1 | 0.592 |

C.I. = 0.007

(c)

| 體育 | 學校 | 學生 | 父兄 | 重要度 |
|---|---|---|---|---|
| 學校 | 1 | 3 | 7 | 0.669 |
| 學生 | | 1 | 3 | 0.243 |
| 父兄 | | | 1 | 0.088 |

C.I. = 0.004

## 表 4.10　總分

| 基準　重要度　人物 | 智育 0.637 | 德育 0.258 | 體育 0.105 | 智育 | 德育 | 體育 | 人物的總分 |
|---|---|---|---|---|---|---|---|
| | | | | 利用重要度設定比重之值 | | | |
| 學校 | 0.648 | 0.333 | 0.669 | 0.412 | 0.086 | 0.070 | 0.568 |
| 學生 | 0.230 | 0.075 | 0.243 | 0.147 | 0.019 | 0.026 | 0.192 |
| 父兄 | 0.122 | 0.592 | 0.088 | 0.078 | 0.153 | 0.009 | 0.240 |

學校……0.568

學生……0.192

父兄……0.240

光從此結果來看，對於「高中的風評」來說，「學校」一方的比重似乎被認為相當的高。

## (4) 考慮從屬性時

為了將層次 3 的人物間的從屬性引進問題的解析中，試進行如下的詢問看看。

「對於智育來說，在學校所占的比重之中，雖考慮教育之素質、升學之指導或教育環境等，而這些的要素依『學校』、『學生』、『父兄』之不同會受到如何之影響？」

對各評價基準就各目的人物所具有的比重進行相同的詢問。亦即，對於「評價基準 × 人物」調查各人物具有的影響力。此事如圖 4.8 相當於重新建立了階層圖。

針對最初的詢問其一對比較矩陣得出如表 4.11(a)。「學校」最具有強烈的影響力，比「學生」、「父兄」更為優先。由此表知重要度分別為學校 = 0.735，學生 = 0.207，父兄 = 0.058。

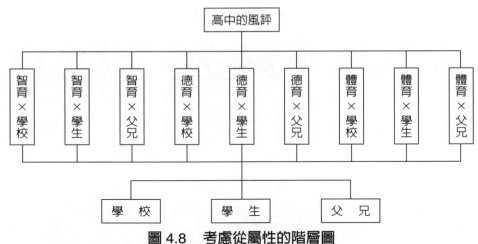

圖 4.8　考慮從屬性的階層圖

表 4.11　對智育 × 人物的影響力

(a)

| 智育×學校 | 學校 | 學生 | 父兄 | 重要度 |
|---|---|---|---|---|
| 學校 | 1 | 5 | 9 | 0.735 |
| 學生 | | 1 | 5 | 0.207 |
| 父兄 | | | 1 | 0.058 |

(b)

| 智育×學生 | 學校 | 學生 | 父兄 | 重要度 |
|---|---|---|---|---|
| 學校 | 1 | 4 | 8 | 0.717 |
| 學生 | | 1 | 3 | 0.205 |
| 父兄 | | | 1 | 0.078 |

(c)

| 智育×父兄 | 學校 | 學生 | 父兄 | 重要度 |
|---|---|---|---|---|
| 學校 | 1 | 1 | 3 | 0.429 |
| 學生 | | 1 | 3 | 0.429 |
| 父兄 | | | 1 | 0.143 |

　　其次，詢問「智育 × 學生的要素，依『學校』、『學生』、『父兄』之不同會受到如何之影響？」

　　對於此「學校」的影響力也是最強的，所具有的比重分別爲：

　　學校 = 0.717、學生 = 0.205、父兄 = 0.078（表 4.11(b)），同樣，對「智育 × 父兄」的影響力來說，得出學校 = 0.429、學生 = 0.429、父兄 = 0.143。

　　以下進行同樣的詢問，假定得出如表 4.11。各人物的比重乘上評價基準的重要度後計算下段的加重值。將此橫向相加，即爲各人物的總合。如此一來，得出：

假定從屬時　假定獨立時
學校………0.587………0.568
學生………0.255………0.192
父兄………0.157………0.240

　　與假定獨立性時之值相比較，「學校」的影響力更形增加，而「父兄」與「學生」的影響力關係則剛好相反。

表 4.12　假定從屬性時之總分

| 評價基準 | | 智育 × | | | 德育 × | | | 體育 × | | | |
|---|---|---|---|---|---|---|---|---|---|---|---|
| | | 學校 | 學生 | 父兄 | 學校 | 學生 | 父兄 | 學校 | 學生 | 父兄 | |
| 人物 | 重要度 | 0.412 | 0.147 | 0.078 | 0.086 | 0.019 | 0.153 | 0.070 | 0.026 | 0.009 | |
| | 學校 | 0.735 | 0.717 | 0.429 | 0.429 | 0.143 | 0.333 | 0.714 | 0.143 | 0.143 | 綜合得分 |
| | 學生 | 0.207 | 0.205 | 0.429 | 0.143 | 0.714 | 0.333 | 0.143 | 0.714 | 0.143 | |
| | 父兄 | 0.058 | 0.078 | 0.143 | 0.429 | 0.143 | 0.333 | 0.143 | 0.143 | 0.714 | |
| 加重值 | 學校 | 0.303 | 0.105 | 0.033 | 0.037 | 0.003 | 0.051 | 0.050 | 0.004 | 0.001 | 0.587 |
| | 學生 | 0.085 | 0.030 | 0.033 | 0.012 | 0.014 | 0.051 | 0.010 | 0.019 | 0.001 | 0.255 |
| | 父兄 | 0.024 | 0.011 | 0.011 | 0.037 | 0.003 | 0.051 | 0.010 | 0.004 | 0.006 | 0.157 |

　　須先聲明，本例題是為了說明獨立性與從屬性所做出之非常單純化之模式，為了使此模式更為實際，私立高中的分類與一些概念的明確定義是有需要的。

知識補充站

　　處理複雜問題時，利用層級結構加以分解有利於系統化的了解；而基於人類無法同時對七種以上的事物進行比較之假設下，每一層的要素不宜超過七個。因此假若問題有 $n$ 個要素，則需作（$n^2 - n$）/2 個判斷，而在最大要素個數為七個的前提下，較能進行合理的比較並同時可保證其一致性之層級數為 $n/7$。如此的層級結構可達到下列益處：

(1) 易進行有效的成對比較

(2) 獲得較佳的一致性

# 4-4 有關決策手法

到目前為止我們就使用 AHP 的決策方法進行考察。此次再度就決定的現象回顧看看。首先就決定的一些狀況加以敘述，其次則從 AHP 之前即加以使用，亦即相當於「前輩級」的各種手法予以說明。另外，就這些手法與 AHP 之不同或互補關係加以敘述。

## (1) 決定的諸相

決定的類型有「GO」、「NO GO」型或二者選一型。若將對象範圍取得稍為廣泛些且替代案有多數時，它即成為多數選一型。另外，並不僅僅是選擇一者，想知道這些方案的相對重要度之情形也有。將這些作為參考然後再慎重的做出最後的決定。另一方面，替代案無數多的情形也有，必須從中選出最適案或較其他為好的方案。

從替代案選擇的評價基準雖然單一尺度的情形也有，而必須依據多基準尺度的情形也很多。AHP 不用說是屬於後者使用的。

另外，也存在有限制的情形。譬如，像是資金限制或設備能力之限制等。它有非常鬆的限制，當然也有像法律規定一般的嚴格限制。

其次，即使在某狀況下做出最適切的決定，而該決定在未來是否仍然最適切也不得而知。此處發生了「決定的維修」（main tenance）問題。

基於以上所說的理由，決定的方法論必須視狀況分別使用。總之自己面對何種的決定問題，對此有何種的解決法，必須清楚理解才行。

其次，實務上非常重要的是必須當機立斷，要花費相當功夫的手法可能會使決定錯失良機。最近的電腦特別是個人電腦相當普及，即使是複雜手法也到了使用者幾乎不必了解它的內容也能使用的地步，但要求輸入太多的資料的手法也是相當棘手的。

以前提出了許多的手法但除去的也不少。到今天還保留下來的手法就實用性來說可以看成是沒有問題的。一般來說，以前的手法有很多是基於數值資訊的，亦即處理「量的資訊」是重點所在。此乃是使用自然科學的方法論去解明社會現象的背景由來。但是，最近要求利用「質的資訊」來判斷的情形也增多起來，以量的資訊為中心所發展起來的以往手法可以看出有其界限。我們平常利用質的資訊──直覺或第六感──進行許多的判斷，而且均能無大過的應付解決。此事意指質的資訊處理是有可能的。AHP 可以說是為了彌補此差距而登場的手法。

## (2) 在計畫業務中的決策手法

### 1. 線形計畫法

以計畫業務中的決策手法來說，最常使用的是「線形計畫法」（Linear Propramming ＝ LP）。以簡單的例子說明此手法的特徵。

「A 公司的材料 L、M、N 分別有 100、90、100 噸。今打算使用這些材料生產產品 X 與 Y。生產 1 噸 X 需要花費材料 L、M、N 分別是 4、3、2 噸。另一方面，生

產 1 噸的 Y 需要花費材料 L、M、N 分別為 2、3、4 噸。每噸產品 X 的利潤是 4 萬元，每噸 Y 的利潤是 3 萬元。當 A 公司採取使利潤最大的方針時，產品 X 與 Y 應分別生產多少才好呢？」

此問題可以說是利用量的情形加以解決的一種決定問題之類型。問題的構造明確，而且數量關係也明白表示。此問題可以如下定式化。今假定產品 X 生產 $x$ 噸，產品 Y 生產 $y$ 噸。此時所需要之材料 L 為 $4x + 2y$ 噸，M 為 $3x + 3y$ 噸。N 為 $2x + 4y$ 噸。這些為了以手邊的材料來應付，因之必須成立以下 3 個不等式：

$$4x + 2y \leq 100 \tag{1}$$
$$3x + 3y \leq 90 \tag{2}$$
$$2x + 4y \leq 100 \tag{3}$$

此時利潤 $z$ 為

$$z = 4x + 3y（萬元） \tag{4}$$

其中，$x$，$y$ 限於非負數（以上）的數值。

滿足條件 (1)、(2)、(3) 的非負的 $x$ 與 $y$，一般稱為可能解，可能解之集合稱為可能領域，此問題如在圖表上圖示時，即如圖 4.9，可能的領域是畫斜線的部分，在可能領域的點中，使利潤 $z$ 最大的點，稱為最適點或最適解。

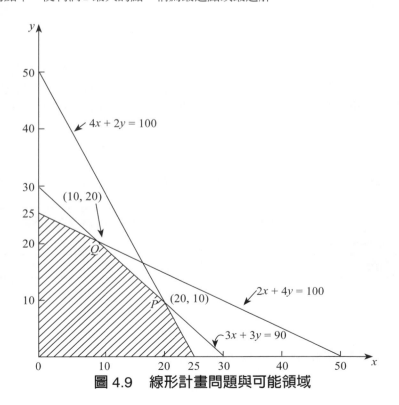

圖 4.9　線形計畫問題與可能領域

此問題之情形，如根據 (4) 式之係數考察 z 的等高線時，最適點即爲點 P。知 x = 20，y = 10。此時的利潤 z = 110 萬元。

此問題因爲變數僅有 2 個，所以可以利用圖形來解，一般之情形可利用單體法（Simplex）計算方式並使用電腦來解。

像本例題問題的構造已明示，諸元素能夠以數量性掌握時──事實上許多的日常性業務是如此──使用線形計畫法即可得到最適決定。今日受惠於線形計畫法之企業爲數不少，並且在手法上，已展開有非線形計畫法、輸送型線形計畫法等，這些均爲線形計畫法之延伸。像倉庫或醫院等決定設備的最適位置的手法也已實用化。總稱爲「數理計畫法」的這些手法，作爲決策手法來說愈來愈受到重視。

## 2. 多目標計畫法與AHP

在上記的 A 公司中，擔當董事假定發表如下之意見。

「最適生產計畫已清楚明白產品 X 是 20 噸，產品 Y 是 10 噸。可是，產品 Y 是我們公司的新產品應該成爲將來的主力產品，目前利潤也許較少，但若考慮到將來，應該可以多生產。不妨重新思考看看！」

如考慮此意見時，A 公司的目的除了使利潤 z = 4x + 3y 爲最大之外，也要使產品 Y 的生產量 y 爲最大。

像此例在一個計畫之中追求複數個目的之情形，稱爲「多目標計畫法。」在上記的例子中，即爲：

$$目標 1：使利潤最大（z →最大化）$$
$$目標 2：多生產產品 Y（y →最大化）$$

在此種的多目標計畫中，目標間的優先度或重要度的比重設定即爲問題所在。上例中目標 1 的單位是金額（萬元），相對的目標 2 的單位是量（噸數），相互之間無法以共通的尺度來衡量。此時，利用 AHP 的一對比較手法就非常有幫助。假定對該董事進行如下的詢問。

「那麼請將〔利潤 1 萬元的增加〕與〔產品 Y 的 1 噸增加〕的重要度予以一對比較看看！」

結果，進行了如下的一對比較，分別決定了重要度。

| | 利益的增加 | Y 的增加 | 重要度 |
|---|---|---|---|
| 利益的增加 | 1 | 1/3 | 0.25 |
| Y 的增加 | 3 | 1 | 0.75 |

如使用此比重時，A 公司的方針即爲使：

$$w = 0.25z + 0.75y$$

爲最大作爲目標。使用 (4) 式改寫時，即爲：

$$w = 0.25(4x + 3y) + 0.75y$$
$$= x + 1.5y \rightarrow 最大化$$

此乃是將多目標設定比重後再予以統合之目標。再使用圖 4.9 求解此目標的最大化看看。此次問題的最適點爲 Q，$x = 10$ 噸，$y = 20$ 噸，此時利潤 $z = 100$ 萬元，雖比最大利潤 110 萬元少，但產品 Y 的生產卻成爲 2 倍。

本例中目標僅有 2 個，如有更多的目標時，將目標設定比重即可使用 AHP 是非常明顯的。像這樣 AHP 已到了與數理計畫有結合之機會是我們值得矚目的。

## (3) 包含不確定事象之決策

在包含不確定事象的環境下所使用的決策手法之中，今就「決策樹」與「模擬」加以說明。

### 1. 決策樹法

試從簡單的例題開始。

「B 公司正檢討某裝置的維修。由過去的經驗知，不維修此裝置下使用之情形與維修之情形，其故障發生之機率與修理所需費用如表 4.13 所示。如維修時發生大故障與中故障之機率減少，而維修的費用要 50 萬元。另一面，停止維修時大故障與中故障發生之機率會變高，因之也要花錢。試檢討何者有利？」

**表 4.13　維修**

| 行動 ＼ 故障 | 大 | 中 | 小 | 無 |
|---|---|---|---|---|
| 維修無<br>（費用：0 元） | 0.5<br>（100 萬元） | 0.3<br>（50 萬元） | 0.2<br>（10 萬元） | 0.0<br>（0 萬元） |
| 維修有<br>（費用：50 元） | 0.1<br>（100 萬元） | 0.2<br>（50 萬元） | 0.2<br>（10 萬元） | 0.5<br>（0 萬元） |

此種狀況使用決策樹圖示時，就變得很容易瞭解，圖 4.10 即爲其說明。

在決策盒 1 中決定維修之有無，然後列舉可能發生之情況，再將各情況所發生之費用與其機率相乘求出期待費用。結果，

$$無維修時之期待費用 = 50 + 15 + 2 = 67 \ 萬元$$
$$有維修時之期待費用 = 50 + 10 + 10 + 2 = 72 \ 萬元$$

沒有維修時較爲有利。

像以上的分析對於決策的分歧甚多，或有數個階段重複決策時，也幾乎可以相同進行。此乃列舉出數階段的決定之後所可能發生之事象，根據它來比較決策優劣之方法。

此處要注意的是結果的評價。在上面的例題中雖然是單純的以期待費用之大小來決

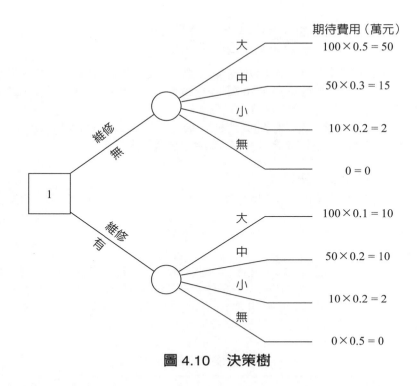

期待費用（萬元）

大　100×0.5 = 50

中　50×0.3 = 15

小　10×0.2 = 2

無　0 = 0

大　100×0.1 = 10

中　50×0.2 = 10

小　10×0.2 = 2

無　0×0.5 = 0

維修　無

維修　有

1

**圖 4.10　決策樹**

定決策的優劣，而一般對結果而言存在複數的評價基準。即使是上面的例題發生大故障之機率甚高，對作業員之士氣會有非常壞之影響時，那麼對稍微高的費用併裝不知還是進行維修較為有利，也會提出如此的結論。像這樣，如果是多基準型的決定問題時，利用 AHP 設定比重是非常有幫助的。

### 2.模擬

以決策手法來說模擬（Simulation）是經常使用的。我們在做決策之時，大多一面設想做決策以後會發生之種種事象，一面想了解該決策會發生何種之結果。在日常生活裡無意識之中常是這樣進行決策的。模擬是利用電腦程式進行此種模擬試驗的一種方法。像線形計畫法或決策樹是將所明示的問題從大處考察而後下決策的作法，取而代之一面探討一個決定所發生的種種事象一面去進行一次的體驗時，即有模擬的意義。如果不利用此種的手段即無法解明之決策問題在社會上是有很多的。以一種的競賽感（game feeling）一面去探索事象與決定的系列一面虛擬的體驗現實，而且重複試行以提出有關決策的結論。

當然，以模擬來體驗的世界並非原來的現實世界。那是進行一種的模式化，然後從現實世界抽出所認為的最基本的構造。並且現實世界發生之事象在模擬的世界中是利用機率模型來替代所發生之事象。如此抽象化與機率模型化與現實世界有甚大的偏離時，由模擬所得到的結論是沒有幫助的。縱然說熟悉像「企業競賽」或「戰爭競賽」

之軟體，可是在真正的企業經營或競爭中不一定強。

由於模擬是現實世界的複製，因之種種的規範、限制或因果律等可以自由的引進。此點比前述的數式模式更具有柔軟性。而且不僅量的資訊就是質的資訊也可引進。因為有如此之優點，模擬今後想必會用得更多。

可是，模擬的缺點，是前置準備需要甚長的時間。雖然已準備有現成的軟體，但個別的事例因有特殊性難以製作泛用之軟體，結果依情況之不同重做軟體的情形也很多。並且，發生機率性事象之分配有需要估計，因之花費甚多的時日與努力。其次，一次的模擬只體驗一次模擬世界，因之如此提出結論是危險的。重複幾次的模擬才可以得出值得信賴的結論，因之要花時間。

從此事來看，模擬對緊急情況是很難有幫助的。當然訓練用或以現成的軟體即可解決者又另當別諭。

最後想對 AHP 與模擬之關係予以說明。如果先說結論，那就是 AHP 可以看成是一種模擬。在 AHP 中使用一對比較決定重要度。此一對比較可以反映實施者的價值觀與直覺，而此行為即可看成模擬。因此可以說：

「一對比較矩陣是表示一種模擬的結果」

根據一對比較矩陣求出特徵值與特徵向量，決定重要度之計算是所有解析上要進行的，因之此部分是機械性的操作。AHP 實施者參與之部分即為階層構造的決定與一對比較之決定，此處模擬體驗可以看成是以不同的方式來進行。表 4.14 是模擬與 AHP 的比較，兩者各具有優點與缺點，需要視狀況靈活加以使用。

表 4.14　模擬與 AHP 的比較

| 特徵 ＼ 手法 | 模擬 | AHP |
|---|---|---|
| 構　　造 | 手續型構造<br>（包含因果律、規範） | 階層構造 |
| 實　　行 | 手續的重複<br>（大多使用亂數） | 重複一對比較 |
| 結　　論 | 多數次施行後，利用統計處理<br>獲得結論 | 計算特徵值、特徵向量<br>利用累計計算獲得結論 |
| 優　　點 | 具有柔軟的構造<br>追蹤類似模型 | 實施簡單<br>處理質的情報 |
| 缺　　點 | 準備要花時間<br>實行要花時間 | 限定於階層構造<br>只以比率尺度作為對象 |

今就同一問題使用模擬與 AHP，在探討上有何不同之處，試使用簡單的例子來說明。

在第 1 章第 8 節的演習中，曾嘗試利用 AHP 的一對比較來估計三角形之面積比。

同樣的估計如使用模擬來實施時即成爲如下。假定爲了求三個三角形 F1、F2、F3 的面積比，在包含這三個三角形的領域（圖中是長方形）中，隨機的落下點，在實施幾次之後，計算 F1、F2、F3 之中落點的個數，求出其比即可估計三角形 F1、F2、F3 的面積比。

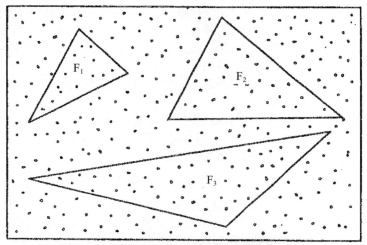

**圖 4.11　蒙地卡羅法（在領域內隨機描點）**

　　此種之模擬稱爲蒙地卡羅（Monte Carlo）法，蒙地卡羅法是機械性的使之發生多數的隨機點，從此結果客觀的估計面積比，相對的 AHP 是根據人的感覺利用一對比較的重複進行來估計的。因此，由此所得到的之結論不可否認畢竟是主觀的。可是，在佯裝著多麼客觀性的決策中，決策者的主觀也是無處不在的，如果這樣即使從最初就有引進主觀之決策法也並無不可思議之處，此即爲 AHP 存在之理由。

### 再談從屬性

　　雖曾在第 3 節敘述過，但此處想再次強調的是在選定項目時有需要選定獨立性強的項目。假定某企業有兩位人事錄用負責人分別為 A 氏與 B 氏，其影響力關係假定是 0.68 對 0.32，A 氏較強。候選人有 X 君與 Y 君，A 氏係以 2 對 1 喜歡 X 君，B 氏是以 1 對 3 喜歡 Y 君。此時利用 AHP 的評價即為如下：

| | A 氏（0.68） | B 氏（0.32） |
|---|---|---|
| X 君……0.666 | | 0.25 |
| Y 君……0.333 | | 0.75 |

　　總合評價是 X = 0.666×0.68 + 0.25×0.32 = 0.533，Y = 0.333×0.68 + 0.75×0.32 = 0.466，X 君較為有制。

　　此處假定另有 X 君型的人來應徵。假定設為 $X_1$。A 氏、B 氏的喜歡假定與 X 君之情形相同。此時評價變成

| | A 氏（0.68） | B 氏（0.32） |
|---|---|---|
| X 君…… 0.4 | | 0.2 |
| $X_1$ 君……0.4 | | 0 2 |
| Y 君…… 0.2 | | 0.6 |

　　請注意各氏對 X 型與 Y 型之評分與前面比較，有減少之現象。結果，在總分面 X = $X_1$ = 0.4×0.68 + 0.2×0.32 = 0.336，y = 0.2×0.68 + 0.6×0.32 = 0.32，X、$X_1$ 君與 Y 君之差甚少。

　　此處再假定 X 君型的人有一人前來應徵，設為 $X_2$，A 氏、B 氏的喜歡與 X 君之情形相同。此時評價為

| | A 氏（0.68） | B 氏（0.32） |
|---|---|---|
| X 君…… 0.286 | | 0.167 |
| $X_1$ 君……0.286 | | 0.167 |
| $X_2$ 君……0.286 | | 0.167 |
| Y 君…… 0.143 | | 0.500 |

　　請注意各氏對 X 型與 Y 型的評分較前面有再減少之現象。結果在總分方

面 $X = X_1 = X_2 = 0.286 \times 0.68 + 0.167 \times 0.32 = 0.248$，$Y = 0.143 \times 0.68 + 0.500 \times 0.32 = 0.358$，相反的 Y 君較為有利，稱此為「追加替代案發生順位逆轉」之現象。為避免此種之不當，有 2 個方法。第一個方法是就所有的評價項目（上例中是 A 與 B）評分相對的僅差 10% 左右的子項目（上例是 $X$、$X_1$、$X_2$）歸納成一個群組，再對群組化之項目進行比較。總之，此即為將類似者歸納在一起之方針。10% 之值是由實驗結果得出，因之這是測定從屬性的指標。如此一來如果選定了 X 型時，再從 $X$、$X_1$、$X_2$ 三君之中去選擇。第二個方法是追加能使 $X$、$X_1$、$X_2$ 之差異清楚明白的評價項目。

# 第5章
# 事例集

此處介紹 6 個事例。適用對象遍及公共部門、民間企業乃至個人問題，與以往所用的方法（5 點法、經驗法則等）相比，AHP 對「第三者的說服」，「合意形成」可寄望甚大的期待。

AHP 並非一次計算即提出結論，而是藉著一面改變一對比較值或比重，一面重複實施，以導出更正確的結論。

本章內容

# 5-1 利用AHP進行股票投資分析

## 5.1.1 序言

低利率造成資金充裕，一般投資家紛紛投入股票市場。在 1987 年 10 月 19 日「黑色的星期一」中所暴跌的股價，日本也比世界各國及早恢復，連日來，東京證券第一類股平均股價不斷創新高。可是，進入 1990 年之後，股票市場數度重複暴跌，已經無法期待昔日股票持續上升之光景。至此有不少投資家才認清了股票與存款不同，並非安全資產而是無法保證的危險資產。

雖說如此，股票投資對一般投資家來說，它是資產運用的重要而且魅力的手段是無法改變的事實。市面上股票投資的書紛紛如雨後春筍的出籠，即使閱讀了「利用股票賺錢的方法」之書籍，其中有一節共通的是「股票投資應量力而為，凡百參謀仍須自己決定」，除此之外實際上也列示著各種的判斷基準，相互矛盾的記述也有不少。一般的投資家到底是從何種的觀點，根據何種的判斷基準，進行股票投資才好呢？並且，現在可否進行投資呢？

本分析，選出文獻中常列舉的幾個代表性的判斷基準，並假定有 2 個人（風險規避者與風險偏好者），對於他們是以何種的比重來考慮股票投資呢？以及根據該比重在 1989 年 9 月中具體上投資哪一個個股呢？利用 AHP 進行估計，並試著將此估計結果與實際的股票投資結果相比較看看。另外，使用 1990 年 3 月的數據，對於如何進行今後的股票投資？具體上哪一個股人氣較旺呢？進行估計。

## 5.1.2 在股票投資中決策的困難度

股票投資對一般人來說只要是資產運用的一個手段，那麼首先最關心的事情是「賺多少」，亦即「股票會漲多少」。

可是，收益性與安全性之間經常存在著取捨（trade off），賺錢的股票它的股價變動激烈，股價安定的股票價格並不太會上升。

另外，即使重視收益性與安全性的某一者，也存在著複數個判斷基準，將比重放在這些之中的何者來選定個股，也會使投資對象不同。

想賺錢，又不想虧錢，到底要買何種股票好呢？既然最終的判斷必須由自己來進行，投資家就經常會被此問題困擾著。

## 5.1.3 利用層級分析

投資股票時考慮事項之階層構造如圖 5.1 所示。

在層次 2 的項目之中，「實績」是依據對去年同期比的銷貨收入增加率、經營利益增加率以及利益增加率，並且「預測」是依據對下年度同期比的銷貨收入增加率、經營利益增加率以及利益增加率加以判斷。「本益比（PER）」是以每一股的利益除得

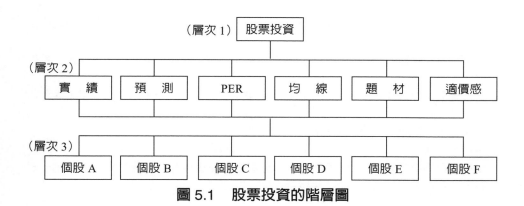

圖 5.1　股票投資的階層圖

每股市價之後的利益增加率來判斷。「均線」是依據參考指數、移動平均線以及趨勢線來判斷。「題材」是依據對股價的形成似有影響之個別材料（M & A，新產品開發等有關企業的內部要因）與一般題材（利息、匯率、政局等有關企業的外部要因）來判斷。「適價感」是依據該股票的絕對水準、過去的最高值及最低值、競爭企業的股價等來判斷。

## 5.1.4 1989 年 9 月中的投資決定

### (1) 項目間的重要度決定

　　首先，風險規避者、風險偏好者各自在選擇基準的 6 項目之間進行一對比較求出重要度，即如表 5.1 及表 5.2 所示。此處風險規避者是指在進行股票投資時專門重視至目前爲止的實績與 PER 者，風險偏好者是指重視材料與適價感。

　　分析的對象選出 6 支個股。各個股的性質如下：

1. 新日本製鐵：國內的粗鋼占有率 3 成，大型股的代表品牌。

| 表 5.1　風險規避者之重要度 | |
|---|---|
| 項目 | 重要度 |
| 實績 | 0.3825 |
| 預測 | 0.1596 |
| PER | 0.2504 |
| 均線 | 0.1006 |
| 題材 | 0.0641 |
| 適價感 | 0.0428 |

| 表 5.2　風險偏好者之重要度 | |
|---|---|
| 項目 | 重要度 |
| 實績 | 0.0379 |
| 預測 | 0.0906 |
| PER | 0.0266 |
| 均線 | 0.0946 |
| 題材 | 0.4357 |
| 適價感 | 0.3146 |

2. 發那科（FANUC）：NC 裝置位居日本第一，世界占有率 5 成，產業用機械人也生產。
3. 松下電器：家電位居日本第一，在光碟機獨樹一方，在產銷兩面均達國際化、無借款。
4. 大成建設：綜合建設的大公司，在關係企業中位居日本第一，也向旅館事業等多角化推進。
5. 豐田汽車：汽車生產臺數世界第二，無借款。
6. 三越：百貨店的老店，全國設有店鋪，海外店也很多。

　　根據《日經會社情報 1989 年秋號》，分別就 6 項選擇基準，進行 6 支個股的一對比較，計算重要度的結果如表 5.3 所示。

### 表 5.3　各個股的選擇基準的重要度

|  | 實績 | 預測 | PER | 均線 | 題材 | 適價感 |
|---|---|---|---|---|---|---|
| 新日本製鐵 | 0.3854 | 0.2025 | 0.1336 | 0.0880 | 0.0699 | 0.1698 |
| 發那科 | 0.1628 | 0.2025 | 0.1336 | 0.2431 | 0.3540 | 0.0978 |
| 松下電器 | 0.1628 | 0.0689 | 0.2361 | 0.0541 | 0.1440 | 0.2877 |
| 大成建設 | 0.0630 | 0.3399 | 0.0790 | 0.0880 | 0.1440 | 0.0978 |
| 豐田汽車 | 0.0630 | 0.0689 | 0.3707 | 0.3767 | 0.1440 | 0.2877 |
| 三越 | 0.1628 | 0.1173 | 0.0470 | 0.1501 | 0.1440 | 0.0592 |

### (2) 重要度的累積計算與結果

　　利用一對比較所得到的重要度依據階層進行累積計算之結果，對於風險規避者得出表 5.4，對於風險偏好者得出表 5.5。

### 表 5.4　風險規避者的股票投資

| 項目 | 重要度 |
|---|---|
| 新日本製鐵 | 0.2338 |
| 豐田汽車 | 0.1874 |
| 發那科 | 0.1794 |
| 松下電器 | 0.1594 |
| 大成建設 | 0.1204 |
| 三越 | 0.1197 |

### 表 5.5　風險偏好者的股票投資

| 項目 | 重要度 |
|---|---|
| 發那科 | 0.2361 |
| 豐田汽車 | 0.2074 |
| 松下電器 | 0.177l |
| 大成建設 | 0.1371 |
| 新日本製鐵 | 0.1287 |
| 三越 | 0.1136 |

### (3) 分析結果的意義

　以上的結果，風險規避者與風險偏好者可能會選擇的個股就顯得一清二楚，另外，不管是風險規避者或風險偏好者，買得多的個股、不太買的個股也變得明確。

　亦即，風險規避者的投資家如有很多進入股票市場時，新日鐵買得最多，風險偏好者的投資家如有很多進入時，發那科買得最多。

　另外，不管是哪一型的投資家，松下電器與豐田汽車也是買得較多的個股，相對的，不管哪一型的投資家均不太購買大成建設與三越。

　將這些分析結果與實際的股票交易（從 1989 年 9 月到 1990 年 2 月）比較看看（參照表 5.6）。

### 表 5.6　股票市場的動向（1989.9.2）

| | 月 | 9 | 10 | 11 | 12 | 1 | 2 |
|---|---|---|---|---|---|---|---|
| 東證平均股價 | 高值 | 35690 | 35678 | 37269 | 38916 | 38713 | 37667 |
| | 低值 | 34114 | 34469 | 35270 | 37133 | 36729 | 33212 |
| 新日本製鐵 | 每日交易量（千） | 15871 | 11953 | 25620 | 14167 | 8602 | 7872 |
| | 高　值 | 805 | 769 | 860 | 849 | 795 | 727 |
| | 低　值 | 750 | 692 | 713 | 789 | 696 | 699 |
| 發那科 | 每日交易量（百） | 26880 | 16290 | 4390 | 16910 | 13440 | 4970 |
| | 高　值 | 8130 | 8240 | 7480 | 8570 | 8750 | 8360 |
| | 低　值 | 6610 | 7250 | 7100 | 7200 | 8080 | 7960 |
| 松下電器 | 每日交易量（千） | 1680 | 3165 | 2235 | 2053 | 2187 | 1747 |
| | 高　值 | 2400 | 2540 | 2370 | 2390 | 2430 | 2310 |
| | 低　值 | 2290 | 2280 | 2230 | 2250 | 2250 | 2160 |
| 大成建設 | 每日交易量（千） | 2631 | 3964 | 3205 | 2955 | 1554 | 1645 |
| | 高　值 | 1630 | 1670 | 1710 | 1740 | 1650 | 1580 |
| | 低　值 | 1510 | 1410 | 1530 | 1560 | 1430 | 1480 |
| 豐田汽車 | 每日交易量（千） | 1090 | 5541 | 1149 | 1222 | 1012 | 1101 |
| | 高　值 | 2630 | 2940 | 2730 | 2670 | 2590 | 2520 |
| | 低　值 | 2520 | 2440 | 2550 | 2510 | 2430 | 2430 |
| 三越 | 每日交易量（千） | 105 | 17 | 16 | 20 | 6 | 10 |
| | 高　值 | 1880 | 1730 | 1560 | 1620 | 1570 | 1580 |
| | 低　值 | 1420 | 1470 | 1480 | 1480 | 1390 | 1460 |

資料：《日經會社情報 1990 年春號》做成

觀此表知，新日本製鐵與發那科之間有取捨關係，支配股票市場之特性，似乎在風險規避者與風險偏好者之間搖動著。另外，也有浮動股的比率等，有關熱門股、非熱門股的估計似乎也不一定準確。

## 5.1.5 1990 年 3 月中的投資決定

依據前項，使用《日經會社情報 1990 年春號》，分別估計風險規避者與風險偏好者投資那一個股，得出如表 5.7、表 5.8。

表 5.7　風險規避者的股票投資

| 項目 | 重要度 |
|---|---|
| 豐田汽車 | 0.2520 |
| 大成建設 | 0.2284 |
| 松下電器 | 0.1423 |
| 發那科 | 0.1667 |
| 新日本製鐵 | 0.1296 |
| 三越 | 0.0810 |

表 5.8　風險偏好者的股票投資

| 項目 | 重要度 |
|---|---|
| 大成建設 | 0.2359 |
| 豐田汽車 | 0.2007 |
| 松下電器 | 0.1664 |
| 新日本製鐵 | 0.1572 |
| 發那科 | 0.1225 |
| 三越 | 0.1173 |

觀此知，與 1989 年 9 月相比，受到經濟情勢之變化等，分別對風險規避者、風險偏好者所喜好的個股產生甚大的變化。

另外，不管是風險規避者，風險偏好者似乎比較喜好大成建設及豐田汽車。

## 5.1.6 結論

本分析雖然投資對象個股僅止於 6 個個股，然而隨機選出相當數目的個股，利用 AHP 分析，估計對哪一個股進行投資，透過與實際的股票市場的動向相比較，即可明確找出股票市場的特性。

經濟是生活物，反映它的股票市場日日在改變。投資家經常要取得最新的資訊，把所取得的各式各樣資訊正確地分析，一面反映在自己所選出的幾項選項基準上，一面進行投資。在決定個人層次的股票投資決策時，AHP 能快速提供選擇。

此外，爲了使資產的運用範圍更爲廣泛，除股票市場以外，有需要考慮存款、債券、黃金、壽險等。另外，以評價基準來說除安全性、利率外，也有需要考慮變現性、通貨膨脹貨幣貶值而使現金換成股票（inflation hedge）之要素。這些亦可以階層構造再進行分析。

# Note

# 5-2 利用意見調查與AHP估計要求品質

## 5.2.1 前言

### (1) 語言情報的階層構造

　　進行新產品開發時，必須基於市場導向（market in）的想法，正確地掌握顧客的要求之後，再去設定企劃品質。顧客的要求通常以「口語」來表現，將此顧客的要求體系化，根據它的情報來進行新產品開發或品質保證，它的方法就是眾所熟知的「品質展開」。

　　在品質展開中，並不限於顧客的要求，把新產品開發所需的語言情報，為了容易進行重點管理，將之階層構造化可視為它的特徵。特別是針對顧客的要求建立階層構造並整理成一覽表稱之為要求品質展開表。此品質展開之方法與應用 AHP 時因為有共通的階層構造的想法，所以它的應用範圍可以說是非常的廣。

### (2) 要求品質展開表的製作

#### 1.要求品質的取出

　　為了掌握顧客的要求，有需要蒐集顧客的原始心聲（原始情報），最好是利用意見調查或面談調查來蒐集。原始情報通常以客訴、總合性要求以及具體的方案來表現的居多。並非將此種的原始情報照樣的羅列，探求真正的要求並予以體系化是很重要的。

　　因此，要將所蒐集的原始情報變換為真正的要求亦即稱之為要求品質，而來自原始情報的要求品質不要包含 2 個以上的意義，儘可能簡潔地表現。表 5.9 是有關「攜帶用收音機」所提出之要求品質的例子。

### 表 5.9　要求品質的取出例

| 原始情報 | 要求品質 |
|---|---|
| · 晴天太陽光照射時，有的角度看不出文字 | · 任何角度均可看出標示<br>· 光照射時也可看到標示 |
| · 到了夜晚文字就看下見，可否附上燈光 | · 即使晚上也可知道標示 |
| · 希望以觸摸即可找到想聽的頻道 | · 操作容易<br>· 操作次數少 |

#### 2.要求品質展開表之製作

　　把所提出的要求品質（表5.9）作成卡片，以KJ法（親和圖法）的方式進行集群（圖5.2）。將卡片所記載的要求品質其內容相似的聚集在一起，將它們以總合的表現方式做成標題卡，然後再重複相同的作業。如此的集群作業，正是針對語言情報（此處

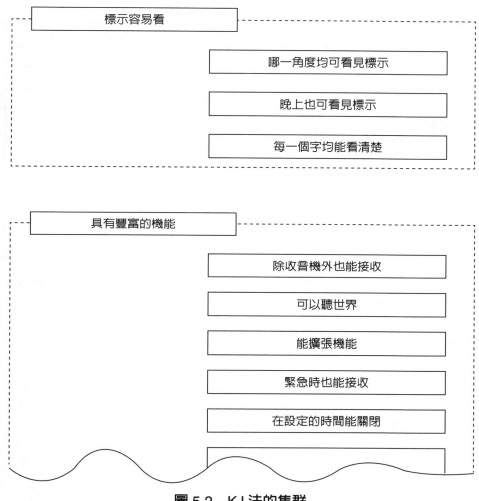

**圖 5.2　KJ 法的集群**

是要求品質）去建立階層構造。如此所做成的要求品質的一部分表示在表 5.10 中。

### 3. 要求品質展開表的活用與問題點

要求品質展開表完成之後，通常在品質展開中要對各要求品質設定重要度、與其他公司的產品比較、設定企劃品質等。特別是進行重要度的設定以及與其他公司之產品比較時，顧客的要求情報是非常重要的，通常利用意見調查等以 5 分法或 3 分法來評價。

### 表 5.10　要求品質展開表

| 1 次項目 | 2 次項目 |
|---|---|
| 標示容易看 | 哪一角度均可看見標示 |
| | 晚上也可看見標示 |
| | 每一個字均能看清楚 |
| 具有豐富的機能 | 除收音機外也能接收 |
| | 可收聽世界 |
| | 能擴張機能 |
| | 緊急時也能接收 |
| | 在設定的時間能關閉 |

　　雖然如此的方法也是有效的，但要求品質的項目數一多時，相對評價就變得困難，並且重要度的分數差異並不會很明顯，因之即使設定重點項目，也欠缺可靠性。

## 5.2.2　AHP 在要求品質重要度上的應用

### (1) 意見表的製作

　　開發出全部滿足要求品質的產品一事，如考慮各種條件時就會非常地困難。因此針對要求品質設定重要度，把得分高的項目在新產品開發中去進行重點管理。為了設定重要度可製作如下的意見表。

　　針對表 5.10 的「攜帶用收音機」之要求品質展開表的第一次項目（5 項目），以利用 AHP 設定重要度作為前提，為了能對各項目進行一對比較可以製作意見表。意見表的一部分如圖 5.3 所示。

　　比較意見表上所記述的 2 個項目時，如只表示要求品質的第一次項目時，各項目的意義會過於抽象有可能無法得到正確的判斷，因之可將要求品質的第 2 次項目作為詮釋予以附記，使解釋不要因人而有不同。

### (2) 意見調查之實施與累計

　　隨機選定顧客 30 名，讓他們直接寫在意見表上後回收。該對象人員以調查監視員的身分登記後，專心去獲取更正確的資料。因之，數據數雖然 30 並不多但仍可判斷足夠。

　　對於所回收的 30 份意見表，有需要檢證一對比較是否妥當。因此，對各調查結果使用 AHP 的整合度（C.I.）進行一對比較的檢證，整合度的值在 0.15 以上的回答，

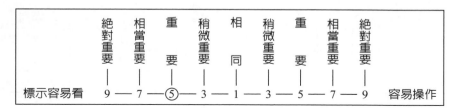

意見調查的請求

此後想購買「攜帶用收音機」時，如考慮以下的 2 個項目作為購買基準時，你會重視何者，請參考例子回答。

例：

| 絕對重要 | 相當重要 | 重要 | 稍微重要 | 相同 | 稍微重要 | 重要 | 相當重要 | 絕對重要 |
|---|---|---|---|---|---|---|---|---|
| | | | | | | | | |

標示容易看　9 — 7 — ⑤ — 3 — 1 — 3 — 5 — 7 — 9　容易操作

上例是說明當購買「攜帶用收音機」時，比較「標示容易看」與「操作容易」2 個項目時，「標示容易看」之項目比「容易操作」判斷重要之例子。

**圖 5.3　意見調查表**

可視爲欠缺一對比較的可靠性，乃從累計數據中除去。此分析的結果，有效回答數是 24，它的累計形成表示在表 5.11 中。

　　爲了設定最後的要求品質重要度，有需要整理成一張一對比較表，可是像表 5.11 的累計結果會出現變異。對於一對比較之結果的匯集來說，可採取如下之簡便作法。

1. 當累計結果偏向一方的項目時，使用回答數最多的點數。例如，觀察「標示容易看」與「具有豐富之機能」之一對比較的結果時，後者回答「相當重要」的次數最多。如本例即使數據分散著仍偏向某一方的項目時，即單純地採用次數最多者。

2. 次數最多的項目有 2 個以上時，取中間值。

　　譬如「具有豐富的機能」與「操作容易」的一對比較的結果，對於前者回答「稍微重要」與「相同重要」的人的次數相同。此時採用中間值「2」。但是，當跨越在比較項目的兩方時，採用兩方。亦即對「具有豐富的機能」回答「重要」的人有 5 位，相反的對「操作容易」回答「重要」的人有 5 位，出現此種現象時，採用兩方，以 2 個一對比較表來檢討。

3. 一對比較表的整合性，在此階段並不考慮。

　　由以上的項目設定重要度即爲表 5.12。另外，如算出此一對比較表的整合度時，其值爲 C.I. = 0.08，在整合度此點上並無問題。

表 5.11　集計結果

| 項目 | 絕對重要 | 相當重要 | 重要 | 稍微重要 | 相同 | 稍微重要 | 重要 | 相當重要 | 絕對重要 | 項目 |
|---|---|---|---|---|---|---|---|---|---|---|
| | 9 | 7 | 5 | 3 | 1 | 3 | 5 | 7 | 9 | |
| 標示容易看 | | | | | | | | 20 | 4 | 具有豐富機能 |
| 標示容易看 | | | | | | | 4 | 18 | 2 | 操作容易 |
| 標示容易看 | | 1 | 2 | 10 | 5 | 3 | 3 | | | 堅牢 |
| 標示容易看 | | | | | | | 1 | 1 | 22 | 設計佳 |
| 具有豐富機能 | | 1 | 1 | 10 | 10 | 2 | | | | 操作容易 |
| 具有豐富機能 | 5 | 17 | 2 | | | | | | | 堅牢 |
| 具有豐富機能 | | | | | 5 | 11 | 5 | 2 | 1 | 設計佳 |

表 5.12　關於要求品質之 1 次項目的一對比較

| | 標示容易看 | 具有豐富機能 | 操作容易 | 堅牢 | 設計佳 | 重要度 |
|---|---|---|---|---|---|---|
| 標示容易看 | 1 | 1/7 | 1/7 | 3 | 1/9 | 0.048 |
| 具有豐富機能 | 7 | 1 | 2 | 7 | 1/3 | 0.254 |
| 操作容易 | 7 | 1/2 | 1 | 7 | 1/3 | 0.194 |
| 堅牢 | 1/3 | 1/7 | 1/7 | 1 | 1/9 | 0.031 |
| 設計佳 | 9 | 3 | 3 | 9 | 1 | 0.474 |

## 5.2.3 綜合評價的方法

### (1) 與其他公司產品之比較

　　只是計算出要求品質之重要度，原有的本公司產品對要求品質來說是否比其他公司的產品優越無法判斷，在今後的新產品開發方面以什麼作爲重點管理並不明確。

　　因此，與其他公司的產品就各要求品質的項目進行一對比較。以「攜帶用收音機」的競爭產品來說，所考慮的產品有 2 種。自家公司產品當作 A，其他公司產品當作 B、C 時，有關要求品質的「標示容易看」的例子表示在表 5.13 中。

　　關於此一對比較，依照與以往相同的一對比較方法要求調查監視員回答，並表示所累計的結果。

　　與表 5.13 相同對其他的要求品質也進行一對比較。

表 5.13　關於要求品質「標示容易看」的其他公司比較

|   | A | B | C | 重要度 |
|---|---|---|---|---|
| A | 1 | 1/5 | 1/3 | 0.105 |
| B | 5 | 1 | 3 | 0.637 |
| C | 3 | 1/3 | 1 | 0.258 |

## (2) 綜合評價

使用前面的一對比較的結果，以如下的方法計算自家公司產品與其他公司產品的綜合評價。

首先，透過與其他公司的比較所算出的重要度與要求品質重要度相乘。譬如，A 的「標示容易看」之重要度是以「4.8×0.105 = 0.504(%)」來計算。按各要求品質對各產品進行計算，將各產品的縱方向的累計值當作綜合評價。如此所得到的結果表示在表 5.14 中。表中的（　）內之數值，是對各個要求品質利用與其他公司比較之一對比較法所得到的重要度。

表 5.14　總合評價

| 要求品質 | 重要度 % | 其他公司比較 | | |
|---|---|---|---|---|
|  |  | A | B | C |
| 標示容易看 | 4.8 | (0.105)<br>0.504 | (0.637)<br>3.057 | (0.258)<br>1.238 |
| 具有豐富機能 | 25.4 | (0.594)<br>15.088 | (0.249)<br>6.325 | (0.157)<br>3.988 |
| 操作容易 | 19.4 | (0.333)<br>6.467 | (0.333)<br>6.467 | (0.333)<br>6.467 |
| 堅牢 | 3.1 | (0.582)<br>1.804 | (0.309)<br>0.958 | (0.109)<br>0.338 |
| 設計佳 | 47.4 | (0.143)<br>6.778 | (0.714)<br>33.844 | (0.143)<br>6.778 |
| 總合評價 | | 30.641 | 50.651 | 18.809 |

## (3) 對綜合評價的評價

由表 5.14 的結果明白以下所表示的內容。

1. 以市場的評價來說，本公司產品比 B 公司差卻比 C 公司佳。
2. 以往在公司內認爲最重要的「豐富機能」，如與設計比較時就不太重要。

3. B 公司的設計的重要度對本公司的設計的重要度來說，近乎是 6 倍，B 公司落後的最大原因，似乎是在設計。

從以上的結果知，今後的新產品開發，有需要把重點放在設計上。

## 5.2.4 結論

### (1) 使用 AHP 之效果

以往的評價方法（5 分法或 3 分法）容易變成絕對評價，由於各項目獨立評價，因之重點設定之項目令人值疑之情形經常發生。另外，「其他公司的比較」與「要求品質」之關聯掌握不了，不易進行綜合評價，有此問題產生。

相對地，將市場的要求以階層構造去建立，透過 AHP 的利用雖然是單純的一對比較卻能進行相對評價。此外，各重要度的點數差異很明確，且能簡單設定重點管理的項目，也有此等效果。

### (2) 對於意見調查而言有關應用 AHP 之問題點

將調查結果整理成一對比較表時，在本事例中一對比較的整合度在 0.15 以下可以照樣使用累計結果。可是，各個人的一對比較的整合度即使滿足條件，如把幾人分歸納一起時，整合度即有可能發生問題。此時，爲了調整整合度，修正所累計的一對比較，恐會扭曲市場情報，所以必須注意。

# Note

# 5-3 利用AHP探討預鑄房屋的機能展開

## 5.3.1 預鑄房屋的機能展開

### (1) 預鑄房屋的品質管理

　　預鑄房屋英文稱為 prefabricated house，prefabricated 意謂「事先做好」之意，由於將住屋的部材在工廠中生產，除了可以謀求部材的標準化，同時它的品質也較安定，是預鑄房屋的優點。日本的通產省中曾設立「有關住屋品質的檢討委員會」，針對將顧客的要求向住宅建設的所有工程傳達的品質展開方法以及將它作為向設計技術或固有技術搭起橋梁的機能展開方法曾有過檢討。

### (2) 要求品質‧機能展開表

#### 1. 機能展開表

　　從古代開始製作洞穴式住居到近代為止的住宅，設法依序取出住宅的機能，然後以 KJ 法進行集群，整理成表即為機能展開表，其中的一部分表示在表 5.15 中。

#### 2.「要求品質‧機能展開表」與機能重要度之計算

　　針對預鑄房屋把顧客的要求有系統地整理的要求品質與住宅的機機做成矩陣圖，稱為「要求品質‧機能展開表」，其中的一部分表示在表 5.16 中。

　　表中的◎、○、△是表示對應的強度，分別給與 5 分、3 分、1 分。將要求品質的第 3 次項目的各列的重要度，與對應該列之表中的記號所代表之分數相乘，按各行縱向累計，將它作成千分率後當作機能重要度，此計算方法稱為「獨立配分法」。將此處所算出來的機能重要度向住屋之部位、部材以及施工工程去傳達之機能展開方法是一直所考慮的。

### 表 5.15　機能展開表

| 1 次 | 2 次 | | 3 次 | |
|---|---|---|---|---|
| 1 確保居住空間 | 11 | 區隔空間 | 111<br>112<br>113 | 區隔寬度<br>區隔深度<br>區隔高度 |
| | 12 | 保持構成住屋的部位、物體 | 121<br>122<br>123<br>124<br>125<br>126 | 保持屋頂<br>保持天井<br>保持牆壁<br>保持柱子<br>保持地板<br>保持物體 |
| | 13 | 保持空間 | 131<br>132<br>133 | 保持適當的寬度<br>保持適當的高度<br>保持適當的深度 |

## 表 5.16 要求品質·機能展開表

| 要求品質·機能展開表 | | | 機能 | 1次 | 確保居住空間 | | | | | | | | | | |
| --- | --- | --- | --- | --- | --- | --- | --- | --- | --- | --- | --- | --- | --- | --- | --- |
| 要求品質展開表 | | | | 2次 | 區隔空間 | | | 保持構成住屋的部位、物體 | | | | | | 保持空間 | |
| | | 要求品質 | | 3次 | 區隔寬度 | 區隔梁度 | 區隔高度 | 保持屋頂 | 保持天井 | 保持牆壁 | 保持柱子 | 保持地板 | 保持物體 | 保持適當的寬度 | 保持適當的高度 |
| 1次 | 2次 | 3次 | 重要度 | 重要度 | 20.4 | 20.2 | 19.7 | 12.5 | 10.2 | 13.6 | 12.3 | 13.1 | 9.7 | 9.8 | 9.8 |
| 環境佳 | 室內環境佳 | 空氣新鮮 | 17.6 | | ○ | ○ | ○ | | | | | | | ○ | ○ |
| | | 有適當的濕氣 | 31.6 | | △ | △ | △ | | | | | | | △ | △ |
| | | 室溫舒適 | 30.8 | | ◎ | ◎ | ◎ | | | | | | | ○ | ○ |
| | 安靜的環境 | 内部的聲音不外洩 | 56.5 | | ○ | ○ | ○ | | | | | | | △ | △ |
| | | 外部的聲音進不去 | 47.7 | | ○ | ○ | ○ | | | | | | | △ | △ |
| | | 外部的振動傳不進來 | 23.5 | | △ | △ | △ | | | | | | | △ | △ |
| | | 自然光進得來 | 14.7 | | △ | △ | △ | | | | | | | △ | △ |
| | 室內明亮 | 照明佳 | 13.2 | | △ | △ | △ | | | | | | | △ | |
| | | 容易生活的環境 | 6.6 | | ○ | ○ | ○ | | | | | | | ○ | ○ |
| | 周圍的環境佳 | 教育環境佳 | 7.3 | | | | | | | | | | | | |
| | | 交通方便 | 2.2 | | | | | | | | | | | | |
| | | 自然環境佳 | 8.1 | | | | | | | | | | | | |

表 5.17 中的要求品質的重要度，如表 5.17 從原始資訊向要求品質變換時，是從相同的要求品質所出現之重複次數所求得的。

## (3) 從要求品質重要度變換之機能展開的問題點

用上記的方法，將機能重要度變換爲部位重要度之後，技術上應屬非常重要之部位即「住屋之基礎」並未出現重要，發生此種問題點。這是因爲從顧客的要求品質重要度變換而來之緣故，對顧客來說認爲「有是理所當然的」，對住屋的「基礎」不關心可視爲原因。

可是，爲了推出產品，並不只是來自顧客的關心度的資訊，有需要從技術的觀點設定重要度，從兩方面去進行重點管理。以往，在 VE（價值工程）方面有從固有技

表 5.17 要求語言資訊之取出

| No | 原始資訊 | 語言資訊 | 備註 |
|----|---------|---------|------|
| 1 | 玄關的大小並非是正方形，洗臉臺的排水口的正中空出之地板的接縫未填塞矽，一到早上有很多蟲會進來 | 土地房間加寬<br>洗臉臺的使用方便<br>蟲不侵入<br>不被蟲咬<br>〔生活機能充實〕<br>〔地板堅牢〕 | 洗臉臺的排水口位置<br>地板沒有空隙<br>接縫填塞矽 |
| 2 | ‧玄關的鋪路石表面未打磨，因之沾上之泥土掉不下來<br>‧浴室的地板無傾斜，浴室的排水不佳，浴室的換氣差<br>‧窗戶歪斜，門與網門關不緊 | 鋪路石容易被泥土弄髒<br>浴室的排水佳<br>保持新鮮的空氣<br>水蒸氣會散開<br>臭氣會散開<br>門能順當地關閉<br>室內保持室溫<br>蟲進不去<br>雨打不進來<br>不會漏雨<br>〔裝備適切發揮機能〕 | 消除鋪路石之凹凸<br>浴室的地板有傾斜<br>換氣佳<br>建具沒有空隙 |
| 3 | 工務店的因素工程未進展，入居日延誤 | 工期快<br>照工期完成工程 | 照計畫進行工程<br>工務店的工作敏捷 |
| 444 | | | |

術之觀點決定機能重要度的機能評價方法，如利用此方法時，相對的重要度不易判斷，以及機能數一多時，即評價困難而有此等問題。

## 5.3.2 應用 AHP 之機能重要度

### (1) 階層構造之決定

表 5.15 的機能展開表是依次由 1 次、2 次、3 次項目加以展開，所形成的一種階層構造。以 AHP 的階層構造來說，可決定照樣使用此展開表。亦即，將展開表如圖 5.4 階層化。

### (2) 機能重要度之設定

#### 1. 利用一對比較設定各層次的重要度

根據圖 5.4 的階層圖在各個層次進行一對比較。在機能展開表中，1 次項目有 12 個，2 次項目有 34 個，3 次項目有 126 個。

在機能展開方面，為了使用機能重要度向下游去傳達情報，機能需要至 3 次層次為止的重要度。因此，首先從技術的觀點對一次項目的 12 個項目進行一對比較，計

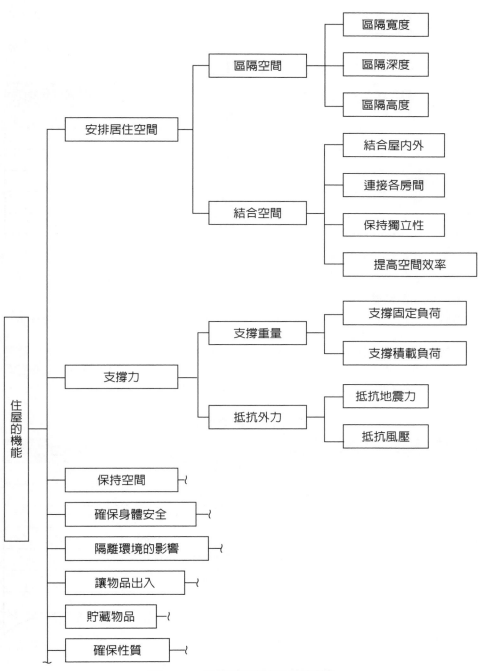

**圖 5.4　住屋的機能的階層圖**

算出各個的機能重要度。它的結果表示在表 5.18 中。此處，雖然 1 次項目有 12 項之多，仍從技術觀點進行一對比較，對此應用了 AHP。

表 5.18　1 次項目之重要度

| 1 次項目 | 重要度（%） | 1 次項目 | 重要度（%） |
|---|---|---|---|
| 安排居住空間 | 16.14 | 貯藏物品 | 4.68 |
| 支撐力 | 16.14 | 確保性能 | 2.21 |
| 保持空間 | 16.14 | 調整能源 | 2.21 |
| 確保身體的安全 | 16.14 | 整頓外觀 | 2.21 |
| 隔離環境的影響 | 16.14 | 對精神提供安定感 | 2.21 |
| 讓物品出入 | 4.68 | 對變化保持應變力 | 1.13 |

　其次，對 1 次項目之中的 2 次項目進行一對比較，分別求出重要度。
　再對 2 次項目之中的 3 次項目進行一對比較，與前面相同計算重要度。

### 2.計算機能的總合重要度

　從前節所求出的各層次的機能重要度，計算機能的 3 次項目之總合重要度。譬如，計算 3 次項目「區隔寬度」的總合重要度看看。

　依據各層次的 AHP 結果，「區隔寬度」的重要度為 0.7143。以及它的上位項目「區隔空間」的重要度為 0.8333，甚至它的上位項目「區隔住的空間」的重要度為 0.1614。使用這些重要度（表 5.19 所表示）如下計算：

表 5.19　總合重要度

| 1 次項目 | 2 次項目 | 3 次項目 | 總合重要度（%） |
|---|---|---|---|
| 安排居住空間（0.1614） | 區隔空間（0.8333） | 區隔寬度（0.7143） | 9.61 |
| | | 區隔深度（0.1429） | 1.92 |
| | | 區隔高度（0.1428） | 1.91 |
| | 結合空間（0.1667） | 結合屋內外（0.5596） | 1.51 |
| | | 連接各房間（0.0955） | 0.26 |
| | | 保持獨立性（0.0955） | 0.26 |
| | | 提高空間效率（0.2494） | 0.67 |

　　「區隔寬度」的重要度 = 0.1614×0.8333×0.7142 = 0.0961（＝9.61%）。以下同樣，對於機能的 3 次項目共 126 項計算總合重要度。其中的一部分表示在表 5.19 中。以上的總合重要度，在機能項目間的獨立性有問題，對於此方法的使用今後有需要檢討。

## (3) 由要求品質計算之機能重要度與利用 AHP 的機能重要度

　　利用表 5.16 的「要求品質‧機能展開表」所計算之機能重要度的上位 20 項目表示在圖 5.5 中。以及利用前節所計算的機能重要度的上位 20 項目表示在圖 5.6 中。

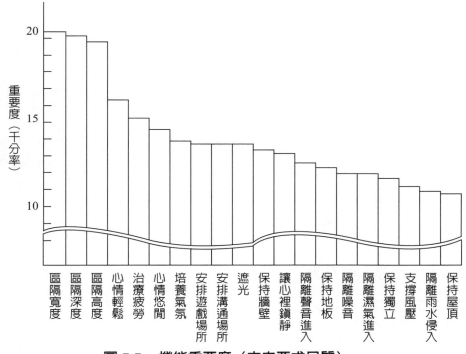

**圖 5.5　機能重要度（來自要求品質）**

　　比較圖 5.5 與圖 5.6，前者像「培養內心悠閒」、「心情輕鬆」等所謂「精神機能」項目較為顯著。後者像「區間寬度」、「支撐固定負荷」等可以認為是住屋的「基本機能」較為突顯。這是說明從要求品質的重要度變換時未出現之「當然品質」，基於設計技術上之觀點利用 AHP 並賦予重要度後才得以顯示出來。使用此機能重要度向下游傳達時，就不會遺漏相當於基本品質的項目且可採取重點管理。另外，將此處所算出來的機能重要度向部位變換的結果，「住屋之基礎」之重要部位得以顯示出來。

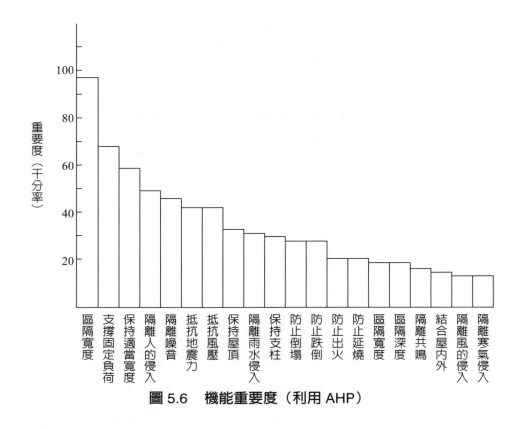

**圖 5.6　機能重要度（利用 AHP）**

### 5.3.3 機能分類的方法

#### (1) 機能的種類

　機能的種類按如下加以分類：

1. 基本機能：可分成與要求品質之關聯強烈而且在技術上也被視為重要的「客觀基本機能」；以及技術上雖然重要但與要求品質之關聯性弱的「主觀基本機能」兩種。
2. 附加機能：指要求品質、技術上關聯性均弱之機能。
3. 魅力機能：指與要求品質有特別強烈關聯之機能。

#### (2) 使用集群分析（cluster analysis）的機能分類

　當定義出如前項之機能時，需要有來自顧客要求之尺度與設計技術上之尺度。前面已表示有利用「要求品質‧機能展開表」所計算出來的機能重要度，與利用 AHP 所計算的機能重要度，使用這些即可將各機能加以分類。利用各個方法所求出的 2 次項目的重要度之一覽表表示在表 5.20 中。

表 5.20　重要度一覽表

| 1 次項目 | 2 次項目 | 重要度（%） | |
|---|---|---|---|
| | | 來自要求品質 | AHP |
| 安排居住空間 | 區隔空間 | 0.57 | 13.45 |
| | 結合空間 | 2.01 | 2.69 |
| 支撐力 | 支撐負荷 | 3.00 | 8.07 |
| | 抵抗外力 | 3.12 | 8.07 |
| 保持空間 | 保持住宅構成物 | 6.87 | 8.07 |
| | 保持空間 | 1.19 | 8.07 |
| 確保身體安全 | 防止災害 | 2.04 | 5.38 |
| | 防止受傷 | 0.26 | 5.38 |
| | 保護身體 | 1.24 | 5.38 |
| 隔離環境影響 | 隔離自然環境 | 3.63 | 6.92 |
| | 隔離物體的侵入 | 4.67 | 2.31 |
| | 隔音 | 2.96 | 6.92 |
| 讓物體出入 | 排出物體 | 6.09 | 1.69 |
| | 引進物體 | 4.83 | 1.69 |
| | 吸收物體 | 1.60 | 0.18 |
| | 交流物體 | 3.08 | 0.36 |
| | 流通物體 | 1.38 | 0.75 |
| 貯藏物品 | 收容物體 | 4.47 | 2.34 |
| | 留住物品 | 1.40 | 2.34 |

　　從要求品質所計算出來的機能重要度取成縱軸，又利用 AHP 所求出之機能重要度取成橫軸，將各機能在平面上描點。關於所有點之組合的距離當作尺度，把描點間相鄰近者利用集群分析圍起來即爲圖 5.7。

　　「鬆弛心情」雖然在技術上不被認爲重要，卻是顧客表示強烈的要求，「區隔空間」則正好與它相反。雖將前項之機能的定義表示在圖中，但是可以了解基本機能是配置在技術性重要度高的方向，附加機能則是低的方向。

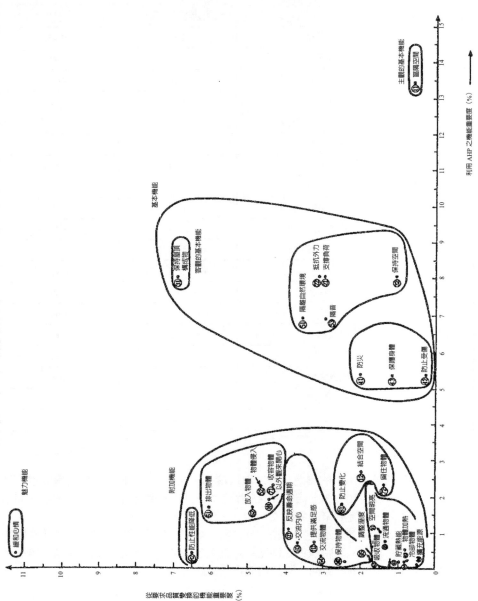

圖 5.7

### 5.3.4 結論

　將顧客的要求向下游傳達並去採行重點管理時，「當然品質」的項目有遺漏的危險性。因此，從技術性的觀點檢討設定重要度之方法後，得出如下之結果。
(1) 可以從技術性的觀點設定機能重要度。
(2) 從設計階段即可把品質從要求與技術兩面考慮進去。
(3) 住屋的機能由於能夠分類，所以變得更容易設計。

**知識補充站**

　「集群分析」是一種精簡資料的方法，依據樣本之間的共同屬性，將比較相似的樣本聚集在一起，形成集群（cluster）。通常以距離作為分類的依據，相對距離愈近，相似程度愈高，分群之後可以使得群內差異小、群間差異大。

　舉例來說，要如何找出哪些電視節目可吸引群組中類似的觀眾？您可以使用階層集群分析，並根據觀眾特性將電視節目（觀察值）分成同質的群組，結果可以用來區隔市場。或者您可以將城市（觀察值）分成同質群組，以便從中選出可以比較的城市，並檢驗不同的市場策略。

# 5-4 工務店的選定

## 5.4.1 前言

最近大都市以及它們的周邊土地價格高漲，對於想擁有一間屬於自己的家的老百姓來說似乎比登天還難，而運氣好買到土地想要蓋一棟自己的房子時，建築要委託誰呢？是非常重要的決策問題，對大部分的人來說，可以認為是一生中的一件大事。是想要蓋大廈呢？還是蓋獨棟建築呢？如果是獨棟建築時，是購買建售屋呢？還是在自己的土地上新建房屋呢？這是從許多的選擇方案中來進行決定的。

另外，決定新建自己的房屋之後，土地的取得、設計要委託誰呢？工務店要選擇那家呢？設備要如何選購呢？室用裝潢如何規劃呢？庭院、大門、車庫、倉庫等的外部結構要如何進行？像這樣有非常多的決策要進行的。此處，試把主題集中在工務店的選定來考慮看看。

## 5.4.2 有關主題的決策困難度

在選擇工務店時，以往經常見到是以價格低廉或交易上無法拒絕之原因來決定的，但是一般應考慮的要素有以下幾項。

依該工務店大多從事何種的建築物來鎖定選定的範圍，此外該工務店所從事之建築物是採用何種的工法也要進行確認。

另外，該工務店在何處有總公司及分公司，主要的建設場所是在什麼地方？也是很重要的。這對於該土地上的固有環境的考慮也是有關係的，建設中與建設後是否照顧周到也是有關係的。

最後，該工務店中有熟人嗎或誰的介紹呢？也是非常重要的要素。

考慮這些要素檢討工務店的特徵，鎖定幾家委託施工的工務店，再決定委託哪一家，此種的決策對大多數的人來說，如果沒有相當有經驗，是一件棘手的問題。

因此，有關建築的知識來說，參考建築家或工務店的意見，對於其他來說，業主要一面商討一面歸納家族的意見後判斷。

## 5.4.3 階層構造的決定

檢討種種要素之結果，委託施工的工務店集中在 X 工務店與 Y 建設公司，以選定工務店的評價基準來說，選出「公司內容」、「工作內容」、「估價內容」三者。

以公司的內容來說，為了確認有無中途倒閉或工程延誤的情形，除了經營狀態之外，承包量與從業員是否取得平衡呢？是否擁有優秀的轉包業者（水電、木工、水泥工等）呢？將這些選作層次 3 的評價基準。

以工作的內容來說，在從事的工程之中住宅占有多少比率？實際所施工之住宅情形如何？除了用自己的眼光去確認外，最好也向屋主打聽有關經驗。另外，建築前的服

務（銀行等融資面之手續）及建築後的服務（定期的維修）也是非常重要的要素。

以估價的內容來說，估價的項目是否已整理妥當？另外項目有無遺漏？各個項目之數量與單價是否適切？經費是否正確計算？比如明顯少時有可能會加在其他價格上，所以可以認為是非常重要之基準。

以上所做成之階層圖如圖 5.8 所示。

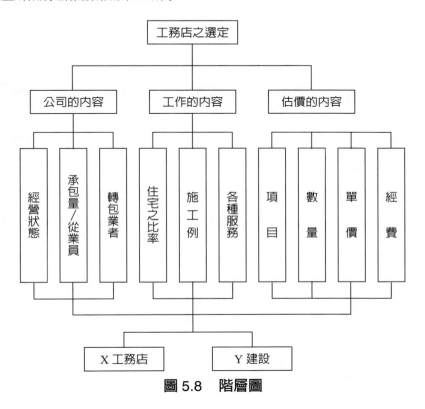

**圖 5.8　階層圖**

## 5.4.4 重要度

從一對比較表的記入到先前的作業，如使用 AHP 軟體可得出如下之輸出結果。

表 5.21 說明層次 2 的一對比較與相對的比重。工作內容之下的層次 3 的一對比較說明在表 5.22 中。層次 2 的各要素之下的層次 3 的所有要素之比重如圖 5.9 所示。

對於表 5.22 的一對比較值來說整合比超過 0.15，而在最初的一對比較值的記入方面，住宅的比例對服務為 3，施工例對服務為 1/3，整合度為 0.28，整合比為 0.48，任一者均比 0.15 大，因之重新檢討的結果，將 3 變成 2，1/3 變成 1/2。

表 5.21　階層 2 的一對比較與其比重

| | 公司內容 | 工作內容 | 估價內容 | 比重 |
|---|---|---|---|---|
| 公司內容 | 1 | 1/5 | 1/3 | 0.114 |
| 工作內容 | 5 | 1 | 1 | 0.481 |
| 估價內容 | 3 | 1 | 1 | 0.405 |

$\lambda_{max}$ = 3.03, C.I. = 0.015, C.R. = 0.025

表 5.22　工作內容的評價

| 工作內容 | 住宅比率 | 施工例 | 服務 | 比重 |
|---|---|---|---|---|
| 住宅比率 | 1 | 1 | 2 | 0.413 |
| 施工率 | 1 | 1 | 1/2 | 0.260 |
| 服務 | 1/2 | 2 | 1 | 0.327 |

$\lambda_{max}$ = 3.22, C.I. = 0.11, C.R. = 0.19

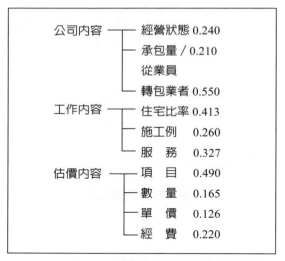

圖 5.9　層次 3 的比重

　　雖然省略層次 3 之 10 個要素對 X 工務店與 Y 建設公司的一對比較表，而從上面的層次按順序進行比重之合成，計算綜合比重之結果，X 工務店為 0.44，Y 建設公司為 0.56，以些微之差異決定了 Y 建設公司。另外，修正表 5.22 之一對比較值之前的綜合比重，X 工務店是 0.45，Y 建設公司是 0.55。

### 5.4.5 敏感度分析

決定 X 工務店與 Y 建設公司的何者，可以認為差異非常地小，因之只要對哪一者的評價基準稍許改變評價時也許會發生甚大的變化。

因此，為了調查哪一者的影響最大，試進行敏感度分析看看。

試著讓表 5.21 的一對比較值改變時，任一值即使少許的變化，也不至於對工務店的選定產生逆轉的影響。只是，把工作的內容視為重要時，可看出 X 工務店的總分變大，Y 建設的總分變小的傾向，特別是工作的內容對估價的內容的一對比較值變成 5 時，X 工務店與 Y 建設公司的總合比重均為 0.5，如為 7 時，X 工務店為 0.51，Y 建設為 0.49 發生了逆轉。

其次，讓「公司內容」之下的一對比較值改變會變成如何？從 1/9 到 9 之間 X 工務店與 Y 建設的綜合比重，完全或幾乎可以說看不出變化。

在表 5.22 的工作內容之下的一對比較值方面，如重視住宅的比例時，X 工務店的綜合比重會變高，相反的 Y 建設公司的綜合比重即有變低之傾向，與公司之內容的情形相同，將一對比較值從 1/9 改變到 9，也不至於使 X 工務店或 Y 建設的決定發生逆轉。

在估價內容之下的 4 要素評價的一對比較值方面，不太重視項目或重視單價時，X 工務店的總合比重變高而 Y 建設的總合比重就變低。譬如，將項目對數量的一對比較值從 3 改變成 1/8 時，X 工務店的總合比重為 0.49，如改變成 1/9 時即成為 0.5。另外，項目對單價的一對比較值隨著 1/2、1/3、1/4、1/5 逐漸變小時，X 工務店的總合比重即隨著 0.49、0.50、0.50、0.51 而變大，如為 1/9 時即成為 0.53。

最後，在層次 4 之替代案的一對比較值方面，就層次 3 的 10 個所有項目而言，對於從 1/9 到 9 的一對比較值來說，X 工務店與 Y 建設的總合比重完全沒有改變。

由以上的事項來看，圖 5.8 的各層次中的一對比較值即使發生少許的改變，對於決定 X 工務店或是 Y 建設公司之問題可以說並無要素會使選擇的結果改變。

### 5.4.6 應用上的諸問題點

以評價基準來說所列舉的公司內容、工作內容以及估價內容相互都有關聯，公司如果健全的話估價當然也能進行順利，然而選定工務店之重要作業，以感覺的方式加以決定也是合乎實際的。可是，對評價基準的評價有了改變，決策即來回兜圈子而回到原來，或產生迷惑而搖擺不定之情形也有，因之將此種評價基準表現成數值化之評價是非常重要的，亦即，對於把什麼想成是最重要可以明確地看出，是應用 AHP 的優點。

# 5-5 銷售員的成績評價

## 5.5.1 隨便決定！

企業是要前進呢或是撤退呢，面臨選擇雖然是家常便飯之事，而此時令人苦惱的是必須從許多備選方案之中選出一個。應考慮的評價基準有複數個，而且通常這些幾乎都是相反的立場，「既不是這個」「也不是那個」而捉拿不定，最後沒有時間了那就隨便決定的情形不是有很多嗎？

我們在下判斷時，對於利害關係相互複雜交織，不易望穿全體時，首先設定比重是一般的作法。可是，金額或交期等能以具體的數字比較時是可行的，但是像人際關係、習慣等等定性數據應如何設定比重來比較才好呢？使用 AHP 理論把難以數值化之要素加以計數化，嘗試在模糊的狀況下幫助做決策，即為目前要敘述的「銷售員的成績評價」。

## 5.5.2 5 個評價基準

應用 AHP 時，如何適切地將決策的對象予以階層化以及構造化是關鍵所在。嚴格說來每一個問題要加以分析檢討後決定要素與階層的深度再製作階層圖，但是這是侵蝕結構時間的作業。關於全盤經營問題來說，如果有共通的評價基準想來是會非常方便的，經試行錯誤的結果，決定採用以下 5 個評價基準。另外，此想法本公司的總經理也提供了許多的寶貴意見。
(1) 自己的立場
(2) 他人的立場
(3) 營利性
(4) 永續性
(5) 成功的機率
此評價基準對一般的經營問題來說能夠應用的範圍相當廣，以下簡單加以解說。

### (1) 自己的立場（方便）

經營畢竟是人與人的交往，不考慮自己的立場就去行動是不可能的，在日本從正面切入展開自己的論點容易被人說成是「自私」或「蠻橫」，但是慢慢地像美國那樣，如果不能有自己的主張者就無法被人認同。另外，即使表面裝作遵從而實際上卻以正好相反之方式進行，或公然及非公然地進行行政指導，總之，出現「自己的立場」隨處可見。像「那傢伙令人討厭」光是以真心話來評價雖然知道不好，但是不含真心話的評價就只是流於表面，在心理上總不會心有戚戚焉，此種經驗誰都有吧！

### (2) 他人的立場（方便）

可是不是專制君主的我們，深切以為只考慮自己的立場是行不通的。心中即使想

踢開那傢伙，但對方是社長的公子不是簡單就可以辦到。或者公司的加薪在團體交涉的席上認為此種程度是可以的，但是如果是社會行情的一半以下，從業員真的能接受嗎？

### (3) 營利性（追求短期的利益）

企業的利益有兩個。其一是營利性亦即短期的利益。另一者是永續性亦即長期的利益。談到營利性時，像是如果本期沒有利益就無法支付薪水，房租也無法支付是極為容易了解的指標。以人事評價來說，譬如「銷售員 A 的本期利益是銷售員 B 的一倍，應之紅利也應為一倍」之情形即是。

### (4) 永續性（追求長期的利益）

本期的資金處境雖有些惡化，但為了將來的布局仍應斷然投資設備即為追求長期利益的例子，但比之營利性來說，永續性的貢獻度較不易理解。如以銷售員的人事評價例來說，「本期銷售員 B 僅賺得為銷售員 A 的一半利益，新顧客的開發也是 A 的 3 倍。對公司的將來有甚大的貢獻」之情形即是。似乎也有公司以過去 3 年的累積利益額視為永續性的貢獻額。

### (5) 成功的機率

政策行動之有效性可以用目的適合度 × 成功機率來計算。以新產品開發來想就會非常容易了解，不管是如何劃期性的創意，如果現階段無法製造時，$100 \times 0 = 0$，有效性即為零。反之，即使創意並無了不起但如果能確實製造出來的話，譬如 $0.1 \times 1 = 0.1$，有效性仍比先前的還高。面臨合併交涉時，不管對自己的公司如何的有利，如果知道對方並非 100% 吞併時一開始會提出建議嗎？

## 5.5.3 銷售員的成績評價

那麼此處就實際利用 AHP 進行銷售員的成績評價予以說明。

### (1) 前提

本公司在期末支付獎金時對成績優秀者給與如下列的特別獎金，去年度營業部門的 MVP（最優秀銷售員）候選人有如下 6 位（表 5.23），根據上述 5 個評價基準從中選出一位 MVP。

### 表 5.23　MVP 候選人 6 位

|  | A 君 | B 君 | C 君 | D 君 | E 君 | F 君 |
|---|---|---|---|---|---|---|
| 利益 | 35 | 23 | 21 | 20 | 19 | 17 |
| 開拓 | 5 | 10 | 7 | 9 | 15 | 6 |

注：利益為年間獲得利益（單位：百萬元）
　　開拓為年間新開拓顧客件數（單位：件）

## (2) 階層圖的製作

階層圖如圖 5.10 為完全型，層次的深度為 3 的簡單圖形。

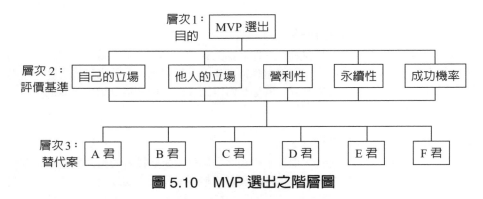

圖 5.10　MVP 選出之階層圖

## (3) 層次 2 的一對比較（＝評價基準的比重設定）

層次 2 的一對比較結果如表 5.24 所示。在一年間之營業實績的評價方面了解到是重視營利性，而不亞於此，自己的立場此要素占有相當的分量，從表來看是可以看出來的。

### 表 5.24　層次 2 的一對比較

|  | 自己 | 他人 | 營利 | 永續 | 成功 |
|---|---|---|---|---|---|
| 自己立場 | 1.00 | 7.00 | 1.00 | 5.00 | 3.00 |
| 他人立場 | 0.14 | 1.00 | 0.14 | 0.20 | 0.33 |
| 營利性 | 1.00 | 7.00 | 1.00 | 5.00 | 5.00 |
| 永續性 | 0.20 | 5.00 | 0.20 | 1.00 | 3.00 |
| 成功機率 | 0.33 | 3.00 | 0.20 | 0.33 | 1.00 |
| 比重 | 0.359 | 0.037 | 0.389 | 0.133 | 0.081 |

$\lambda_{max}$ = 5.34, C.I. = 0.085, C.R. = 0.076

## (4) 層次 3 的一對比較

在 5 個評價基準之下進行各銷售員的比較，其結果的比重如表 5.25 所示。

表 5.25　層次的比重與綜合比重

| 銷售員 | 自己立場 | 他人立場 | 營利性 | 永續性 | 成功機率 | 綜合比重 |
|---|---|---|---|---|---|---|
| A | 0.138 | 0.191 | 0.503 | 0.040 | 0.129 | 0.268 |
| B | 0.075 | 0.091 | 0.214 | 0.220 | 0.052 | 0.147 |
| C | 0.027 | 0.026 | 0.102 | 0.083 | 0.129 | 0.072 |
| D | 0.239 | 0.046 | 0.086 | 0.193 | 0.319 | 0.173 |
| E | 0.044 | 0.465 | 0.052 | 0.423 | 0.319 | 0.136 |
| F | 0.477 | 0.181 | 0.043 | 0.040 | 0.052 | 0.204 |
| 評價基準的比重 | 0.359 | 0.037 | 0.389 | 0.133 | 0.081 | 1.000 |

## 1. 自己的立場

這是直截了當排出自己喜歡討厭的順序。因此，此圖不能讓他人看。

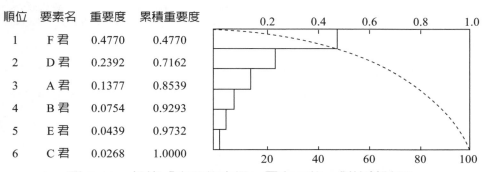

| 順位 | 要素名 | 重要度 | 累積重要度 |
|---|---|---|---|
| 1 | F 君 | 0.4770 | 0.4770 |
| 2 | D 君 | 0.2392 | 0.7162 |
| 3 | A 君 | 0.1377 | 0.8539 |
| 4 | B 君 | 0.0754 | 0.9293 |
| 5 | E 君 | 0.0439 | 0.9732 |
| 6 | C 君 | 0.0268 | 1.0000 |

圖 5.11　根據「自己的立場」層次 3 的一對比較結果

## 2. 他人的立場

這是指公司內的聲望、派系權力關係、其他許多自己無法取得主導的人際關係（表 5.25 的他人立場的行）。C 君是屬於最下位人緣最差。

## 3. 營利性

這很容易想到是把年間所獲得的利益額排列（表 5.25 的營利性的行）。此時的整合度 C.I. 為 0.047。

## 4. 永續性

可以說是對公司未來的貢獻度（表 5.25 的永續性的行）。新開發顧客件數最多的 E 君位於首位，並不光是件數的多寡，像是上市公司或海外交易對象等應設定比重後評價。

### 5. 成功機率

此時之成功機率可以想成「如推薦此位先生時當選 MVP 的機率高」。數字的成績是理所當然的，工作的安定度和公司內部的信賴度想來也是會影響的（表 5.25 之成功機率之行）。

### (5) 替代案的決定

一對比較結束所求出之總合比重之結果如表 5.25 右端之行。

除了如此表示外，各銷售員的比重的所在位置也表示出如圖 5.12 的圖形。

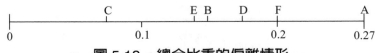

**圖 5.12　總合比重的偏離情形**

從以上的考察結果，筆者的判斷是 A 君最合乎 MVP 之條件。在評價基準之中由於把重點放在「營利性」（0.389），所以年間利益數字較高的 A 君成為 MVP 是可以猜想到的。此處仔細觀察最後所輸出之階層圖時，浮現出「自己的立場」為 0.359 是否過大的疑問。因此，拿掉「自己的立場」之評價基準會怎麼樣呢？將層次 2 的要素當作 4 個計算看看。

### (6) 拿掉「自己的立場」時（其一）

其他要素間之相對比重仍然照樣而層次 3 的一對比較也與前面相同之基準進行，所得之結果如圖 5.13 所示。

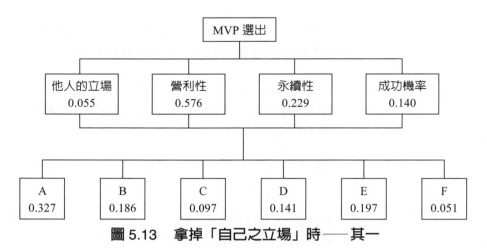

**圖 5.13　拿掉「自己之立場」時 —— 其一**

MVP 依然是 A 君，下位候選人不是 F 君而變成 E 君。這是省略「自己的立場」之評價基準，營業成績低而自己袒護的 F 君（參圖 5.11），結果當然會落選。相反的，所謂「因情人事」一事以數字即可實際感受是最大的收獲。

## (7) 拿掉「自己的立場」時（其二）

前例是單純地拿掉一個要素而已，因之在剩餘的 4 個要素之中「營利性」脫穎而出高達 0.576（參圖 5.13）。結果，A 君的比重近乎是下一位 E 君的 2 倍，讓人想到真的會有如此的差距嗎？因之，此次把「營利性」與「永續性」當作相同比重，進行一對比較看看。亦即長期利益的重要性並不亞於短期利益，是站在如此之前提來評價的。

此次以些微差距 E 君成為 MVP，下一位才是 A 君。（圖 5.14）。這是新開發件數獲勝的 E 君所獲得之回報結果。

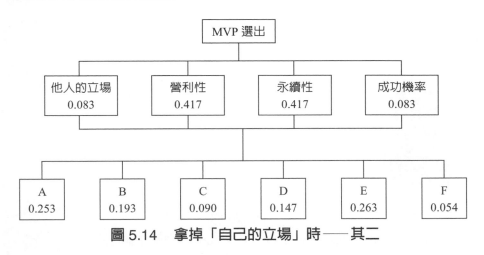

圖 5.14　拿掉「自己的立場」時——其二

## 5.5.4 考察

敘述上面的例子是想說明 AHP 是幾度更新製作模式、比較檢討後才有效的。決策人員在心理上很模糊，覺得有些怪怪的時候，正是階層圖的作法有不合理或比較基準搖擺不定的時候。以決定上述 MVP 的情形來說，如果是自我本位時是 F 君，重視短期利益時是 A 君，重視長期利益時是 E 君，而實際上都是在其間重複選誰的思考實驗。雖有些畫蛇添足，如記入實際的評價情形時，並非是筆者推薦的 E 君，反而 A 君才是 MVP。或許是「他人的立場」的比重過小才會變成如此吧。

### 5.5.5 結論

　　AHP 的優點簡單的說是利用一對比較，讓自己雜亂的頭腦獲得清晰。以及，客觀性情報與主觀性情報混合也能處理，是以往的手法中所看不到的獨特地方。爲了導出沒有遺漏、能取得整合性的結論，順利進行 AHP 作業的個人電腦是不可缺少的工具。

　　此次嘗試的關鍵點是決定前述 5 個評價基準。雖非哥倫布的金蛋，但對總經理能冷靜地取出「自己的立場」之慧眼而感到佩服。「自己的立場」一事能露骨地說出來嗎？對於理所當然之疑問，筆經常如此回答：

　　「使用 AHP 進行思考實驗可以由你自己一人來執行的。發表的是結果，不需要把試行錯誤的雜亂過程什麼都要說明吧？自己本身如果正直的話，「自己的立場」占有多少比重是應該可以知道的。依據 5 個評價基準眞心的分析在心理上如能理解的話，把「自己的立場」此要素拿掉再重新應用 AHP 看看。如此一來就可以無私心的研究不是嗎？」

　　身爲讀者的你，對你身邊的問題，應用此手法把自己的思考過程描述下來會是如何呢？

**知識補充站**

　　根據 Dak Ridge National laboratory 與 Wharton School 進行的研究，從評估尺度 1～9 所產生的正倒矩陣，在不同的階層數下，產生不同的 C.I. 值，稱爲「隨機指標（Random Index; R.I.）」。而 C.I. 值與 R.I. 值的比率，稱爲「一致性比率（Consistency Ratio; C.R.）」即：

$$C.R. = \frac{C.I.}{R.I.}$$

　　因此 C.R. 值在小於 0.1 時，其矩陣之一致性程度是很高的。其隨機指標值如下表：

### 隨機指標表

| 層級數 | 1 | 2 | 3 | 4 | 5 | 6 | 7 | 8 |
|---|---|---|---|---|---|---|---|---|
| R.I. | 0.00 | 0.00 | 0.58 | 0.90 | 1.12 | 1.24 | 1.32 | 1.41 |

# Note

# 5-6　建設工程中利用AHP決定最適工法

## 5.6.1　主題的說明

在進行建設工程的計畫時，為了建造所設計的構造物，必須從許多的工法中選定最適的工法。以往的方法不過是從滿足設計所需的條件、滿足所需機能之幾個可能實施的工法之中，就安全性、施工性、施工能力、品質、經濟性、省力性、公害的有無等，從技術者的經驗與廣泛之視野利用「高度的判斷」來決定工法。特別是建設工程可以說是每一件都是在不同的條件下所生產的獨件產品，受到自然的影響的也很多。因之，進行「高度的判斷」需要為數甚多的經驗（以合理的手段確認計畫與實際之差異，回饋到下次的判斷，如此重複所學到的經驗）、先見性、決斷力等。另一方面，縱然利用高度的判斷決定了最適工法，而決定的人本身如果不能依從過程去確認決定的經緯，不能向第三者明確說明決定的妥當性時是不容易說服第三者，而以往這些問題卻是未解決的。

另一方面，與工法決定有關的問題點有：

(1) 評價基準有很多，而且相互沒有共通的尺度。

(2) 價值判斷有不得不依賴感覺（Feeling）的要素，難以數值化。

(3) 數據的蒐集需要許多的費用與時間，必須在過去幾乎沒有相同條件之數據的狀況下做決策。

(4) 於決定之前，重要度的設定對最終的決定如何影響無法預測。

在此種狀況下，將實施人的價值觀與直感定量化，利用有此種機能之 AHP，嘗試選定建設工程中的最適工法，獲得了許多的實際成果。

在許多決策法之中，AHP 此手法能在短時間內、合理地自己一面理解一面做決策，並且能夠進行敏感度分析是提高決策精度的最大原因，最後透過整合度的確認即可安心下決策，AHP 具有以上所說的特徵。

## 5.6.2　關於主題之決策困難性

並沒有決定建設工程之工法的標準式方法，而是用消去法削除替代案，或以定性的比重來選擇，利用技術者的直覺與感性來決定最適工法，即使如此說也不為過。這有以下問題點：

(1) 依選定工法的人所處的立場、狀況等，評價基準會有不同，評價基準並非定量性而且不明確。

(2) 針對各個人的評價基準設定定量性比重之差異並不明確。

(3) 評價基準很多時，設定的比重有很多情形是不明確的，並且最適工法與次佳工法之相對性的優位性也不明確。

(4) 即使有進行決策之有系統方法，也是非常地複雜，另外時間花費太多並不實用等等。

以往，在決定工法時，決定手段的許多問題大多在未解決的狀態下加以實施。

特別是建設工程的工程費用非常龐大。並且，一旦決定工法的話，如要變更成其他的方法需要花費甚多的費用與時間。接著，即使決定了理想的最適工法，因為所設定之條件的變化，或現象之預測與實際的現象出現差異，或社會環境之變化等，必須要在短期間內檢討工法的變更，然後決定工法。特別是災害發生時需要復舊工程，雖然是極端的例子，卻都是要在短期間（短時間）內決定最適工法。能解決此問題的即為AHP。

### 5.6.3 階層構造的決定

#### (1) 最適工法

想到工法時，有作為方法的工法，以及作為手段的工法。此處以兩者作為對象來考慮。任一情形都是從可能實行的工法之中，找出滿足基本條件的設計、施工、契約、環保、主管機關的許可及指導的條件，即為可能適用的工法。

為了使工程能順利地取得居民之理解並滿足交期之下來完成，不僅工學上的工法，有時可組合工法與補償來考慮作為對象的工法。另外，視需要有時也帶有補助工法。如此，從實行可能且滿足基本條件的幾個替代工法之中，評價比重最大的工法選出當作實施工法，將此稱為最適工法，將其間的所有步驟整理即為圖 5.15。

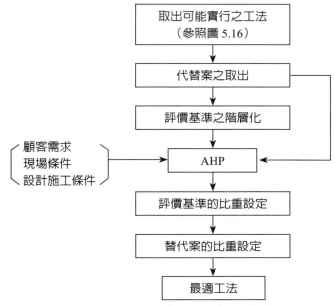

**圖 5.15　至決定最適工法的步驟**

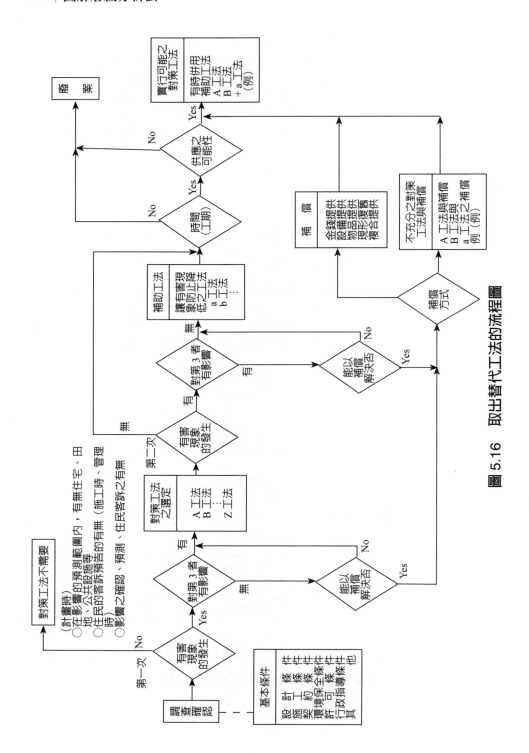

**圖 5.16　取出替代工法的流程圖**

## (2) 決定替代工法之步驟

實施建設工程時，像挖掘、搬運、堅實、卸貨、地盤改良等，當選定實施工程的手段工法時，要考慮機械、設備等的擁有性，停用狀態或由外界供應的可能性，以及機械設備能力、現地的維護事情等，可將滿足這些之工法（機械、設備）當作選定對象的替代工法。

另一方面，取出可能實行的替代工法的流程圖如圖 5.16 所示。譬如，為了施工地下構造物，以從地上掘削的方法來說，除了「開放式施工法（open cut）」外，也有「島式施工法（Island）」、「溝槽切割法（trench cut）」、「逆打工法」等。對於取出作為此種方法的替代工法，必須選定能滿足許多條件的可能實行工法。

首先，要滿足基本條件，選定符合的工法。其次，採用符合的工法時，像地盤沈下、地下水的降低或枯竭等，檢討會不會發生有害現象，以及是否因噪音、振動等對第三者會有不良影響。結果，有可能造成有害現象或有不良影響之工法當作帶有補助工法之工法包含在替代工法中。

在符合的工法之中，滿足工期、機械、設備的供應等的工法最終當作替代工法。補償也與補助工法同列，可想成是一種手段、方法，視需要與符合的工法相組合後也可想成是對象工法。

## (3) 階層構造的決定

以選定工法的評價基準來說設定了以下 7 個項目。將其內容以評價基準一覽表的方式表示在表 5.26 中。

1. 施工性：這是指施工時的占用面積或施工所需空間之大小、機械的移動性或操作的難易性及對地下水、地盤的適合性等有關之事項。
2. 信賴性：這是指施工中與工程完成後滿足品質之情形，與地盤等的改良效果及安全、公害的有無等有關之事項。
3. 經濟性：這有只以初期成本為對象之情形以及也包含運用成本在內來考慮之情形，是考慮材料、勞務、機械、經費等總成本的經濟性。
4. 改善性：並非只是從以往工法之中選擇工法，像新工法或改善工法等，與改善性的程度有關的事項。
5. 速率性：這是指施工速率，與機械的能力、機械的組合效率、組合解體或維護點檢之容易性有關之事項。
6. 供應性：這是指與機械、資材的供應，或業務、作業員之募集難易或季節性之供應事情等有關的事項。
7. C.I.：像差別性、高雅等身份象徵的誇示等，與企業形象的提高、維持等之企業標識（C.I.：Corporate Identity）有關之事項。

再分解下去的評價基準的細目也包含在內之階層圖如圖 5.17 所示。

## 表 5.26　評價基準一覽表

| 要因 | 內容 |
|---|---|
| 施工性 | 施工時之占用面積、空間之大小，機械的方向轉變，搬運移動的難易，對地盤、地下水的適合性、對變化之適用性 |
| 信賴性<br>1.品質（效果）<br>2. 安全<br>3. 實績<br>4. 技術<br>5. 公害對策 | 與品質、效果、安全、技術、公害有關之信賴性 |
| | 與強度、變形、耐久性有關之品質，以及與止水、下沉等有關效果之程度 |
| | 因設備、機械引起事故的安全性，或人之衛生上之安全性 |
| | 施工之實績數或成功例數，以及透過工程經驗，改善機械、設備、施工方法之實績 |
| | 工法的技術性證據與施工管理技術 |
| | 法規、條例等所規定之對策當然要遵行，但要更好的公害防止對策 |
| 經濟性<br>1. 材料<br>2. 勞務<br>3. 機械<br>4. 經費 | 期初成本、營運成本包含在內之經濟性、降低總成本、利潤 |
| | 材料施工上之損失或購入價格，搬運有關之經濟性 |
| | 與所需人員之省力化有關之經濟性，與勞務工資、作業效率有關之經濟性 |
| | 與機械損料、作業效率、運轉經費有關之經濟性 |
| | 與現場管理費有關之經濟性 |
| 改善性 | 並不只是從以往的工法中選擇工法，而是新工法或發揮某種改善之新穎性 |
| 速率性 | 施工的速率、機械能力、機械的組合效率，裝配解體之容易性，因維護點檢之容易性影響施工之速率，以及因故障的次數所影響之事項。特別是工程上，關鍵路線之情形，對工程之影響及對附帶經費之影響，所以工程上是否為關鍵狀態會改變要因之比重 |
| 供應性 | 資材、機械的供應或勞務、作業員招募之難易，以及以妥當的價格供應的可能性或季節性供應之安定性等 |
| C.I.<br>1. 差別性<br>2.PR<br>3. 高貴 | 與地位象徵的誇示等提高企業之形象有關之事項，有關差別性、PR、高貴等 |
| | 透過形狀、設計思想、手工等表現獨特之色調，推出獨特性 |
| | 與廣告、宣傳有關之事項 |
| | 在率品、機械、設備、維護等表示豪華性，提高附加價值，讓顧客滿足，以及從企業或社會獲得好評 |

層次 1：目的

層次 2：
評價基準

層次 3：細目

層次 4：代替案

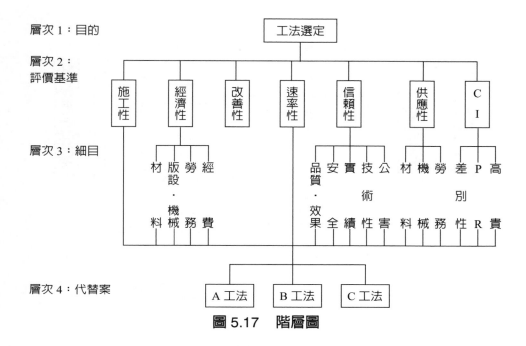

**圖 5.17　階層圖**

## (4) 應用上的諸問題

在設定評價基準的比重時，應注重的事項是，擬決定的工法在全體的工程中，是否屬於關鍵路線（該工法的施工時間對全體工程的直接影響）是非常重要的，關於速率性的比重設定有需要特別考慮。另外，依各個評價基準的比重設定是否正確，可以說影響工法決定的良否。因之，進行評價的個人、集團要充分考慮工程的目的、社會的背景、顧客的要求等，依據技術者的豐富經驗，從總合的觀點設定重要度後再進行工法的決定。此外，透過敏感度分析的實施，即可未然的確認判斷是否正確。

## 5.6.4 工法決定的例子

在建設工程之中，尤其地下的掘削是受地盤條件所左右的工種，經常會面對工法決定的問題。因此，將砂層中地下水位較高之地盤安裝防止土砂崩潰之木柵進行掘削時，在掘削中會發生從掘削底面往上噴出帶有地下水的砂土現象（quick sand 現象）。為了防止此現象需要以下的對策。①延長止土壁的止土長度。②為了縮小止土壁的內外水位差，降低止土壁外面的水位。③在止土壁之中的掘削部位儲存水進行水中掘削。④利用藥液注入或凍結工法使之不要由底盤噴出地下水。

現在，就降低地下水位的情況來說明。在具有止土壁的掘削情形中，止土壁是以透水性的橫矢板加以設計的，今就掘削途中部分砂層出現地下水位高的部位來敘述。（合適工法的取出參照圖 5.18）

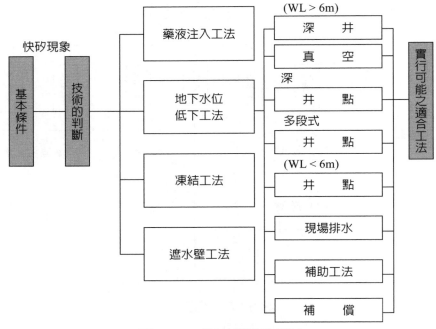

**圖 5.18　取出相當之工法**

　　技術上檢討的結果，清楚了解從上記對策之中僅能採取①與②的對象。因此，將止土壁背面的砂土利用藥液注入改良地盤之方法；以及以讓止土壁背面之地下水位降低的工法來說採用深井（Deep-well）工法與井點（well point）工法，以此三個替代案作為可能實行之工法。結果，對施工性、信賴性、經濟性、速率性、供應性、C.I. 等評價基準進行比重之設定，利用軟體（Expext Choice），進行綜合評價之結果如圖5.19 所示。此處，數度重複敏感度分析，一面確認各步驟的評價一面實施。整合性也控制在所規定的範圍內。確定替代案後，利用 AHP 下決策所需要的時間約為 20～30分，只需要非常短的時間。這比採用其他認為合理的決策法，更具有優點。

### 5.6.5　結論

　　以上是以建設工程為例，說明 AHP 的實施例。特別是決定工法非常有幫助。充分活用豐富的過去實施經驗，根據合理的決策系統，簡單且能短時間決定之系統是一直所切盼的。能解決此事即為 AHP。

　　具體的說明改善效果時，①可以擴大評價基準，②選定的方法可以體系化，③可以提高選定的作業效率。結果一來，甚至連顧客的需求也能體系化。將評價基準明確化，即使不需要高度的經驗，也可親身體驗使用電腦在短時間內下決策。今後，在決定許多的工法或種種的決策時，可作為有益的手法來使用。

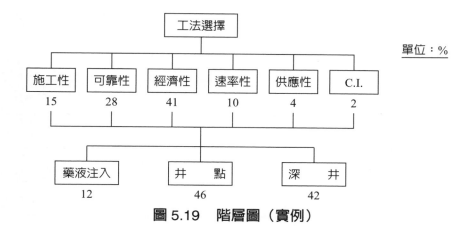

圖 5.19 階層圖（實例）

### 知識補充站

AHP 主要應用在決策問題（Decision Making Problems），依 Saaty 的經驗，AHP 可應用在以下 12 類問題中：

(1) 規劃（Planning）。

(2) 替代方案的產生（Generating a Set of Alternatives）。

(3) 決定優先順序（Setting Priorities）。

(4) 選擇最佳方案或政策（Choosing a Best Alternatives）。

(5) 資源分配（Allocating Resources）。

(6) 決定需求（Determining Requirements）。

(7) 預測結果或風險評估（Predicting Outcomes/Risk Assessment）。

(8) 系統設計（Designing Systems）。

(9) 績效評量（Measuring Performance）。

(10)確保系統穩定（Insuring the Stability of a System）。

(11)最適化（Optimization）。

(12)衝突的解決（Resolving Conflict）。

# Note

# 第6章
# 如何高明使用AHP

對於一旦製作出來的 AHP 模式，為了盡可能適切地表示決策的構造，提出修正的想法與方法，其次，在 AHP 的理論之中，為了能有效使用，介紹幾個如能了解會更有幫助的話題。特別是對所有的配對進行一對比較時的對策與方法，期待使之步驟化，使此後容易使用。

本章內容

# 6-1 談模式的修正

### 6.1.1 AHP 是重複應用的過程

　　所製作的模式（階層圖）是否妥當（是否忠實地表示決策的構造），它的結果是否對實際的決定有幫助能否使用，具有重要的意義。某模式的計算結果，與由以前所得到的直感或經驗來判斷，如發現有甚大的不同時，質疑模式本身的妥當性，嘗試修正模式使能儘可能接近決定的構造是非常重要的。

　　階層化決策法 Analytic Hierarchy Process 的 3 個英文單字，Saaty 及 Harker 教授說出它們分別象徵 3 個概念。

　　Analytic：使用數值，在比重計算上使用若干的數學。

　　Hierarchy：以階層圖表現決策的構造。

　　Process：不是製作一次的模式和比較就結束，數度重複。

　　為了製作決策的妥當性模式，其中的 P，模式（階層圖）的修正重複過程，特別重要。可是，關於 P 的研究或文獻並不太多。

　　此處透過一個例子，來檢討模式的妥當性，就此過程與 AHP 的利用稍做若干說明。

### 6.1.2 從東京到高松要搭乘什麼？

　　1988 年瀨戶大橋開通之後，某廠商為電腦用戶舉辦的說明會在高松召開，住在東京近郊的某大學 T 教授受邀前往演講。以前如果是急事就會搭乘飛機從東京前往，但橋好不容易才建好，因此可從新幹線再換成瀨戶大橋線，或各自己駕車前往橫渡大橋也可以考慮。為了從 3 個手段選擇一個，試著使用 AHP 看看。

　　圖 6.1 是首先做出來的階層圖，在第 2 層的評價基準的方格中已列入比重之值。雖然也有移動中的「舒適」的評價基準，但是在某種程度的移動裡，「舒適」似乎可以認為與「所要時間」成比例，所以將它省略。然後對評價基準的每一要素進行替代案的一對比較，求出總合比重得出如下。

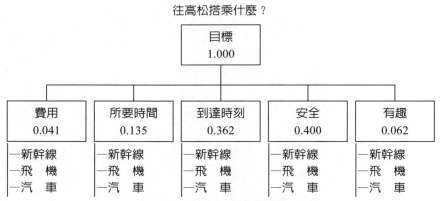

圖 6.1　模式 1 的階層圖

| 新幹線 | 飛機 | 汽車 |
|--------|------|------|
| 0.516 | 0.357 | 0.127 |

(1)

以上稱為「模式 1」。

如根據此結果時，即為使用新幹線，然而整合度的總合評價是 0.12 稍欠理想，不由地覺得難以依從此判斷，重新進行評價基準的比較。

在圖 6.1 中搭乘工具的「安全性」為 0.400，占有非常大的比重，但是又想到在國內的新幹線旅行並不需要太介意安全。重新進行比較判斷所做出的一對比較矩陣如圖 6.2，因之評價基準的比重即如圖 6.3。此稱為「模式 2」，此時的總合比重如下。

| 新幹線 | 飛機 | 汽車 |
|--------|------|------|
| 0.523 | 0.336 | 0.141 |

(2)

|  | 費用 | 所要時間 | 到達時刻 | 安全 | 有趣 |
|--------|------|----------|----------|------|------|
| 費用 | >4.0< | 7.0 | 5.0 | 2.0 | |
| 所要時間 | | 5.0 | 2.0 | 3.0 | |
| 到達時刻 | | | 1.0 | 7.0 | |
| 安全 | | | | 5.0 | |
| 有趣 | | | | | |

**圖 6.2　模式 2：評價基準的一對比較矩陣（反白數字表倒數）**

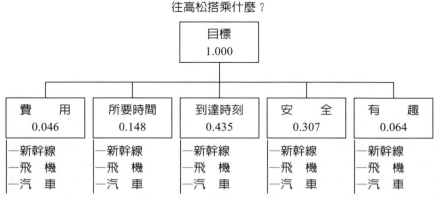

往高松搭乘什麼？

目標
1.000

| 費用 0.046 | 所要時間 0.148 | 到達時刻 0.435 | 安全 0.307 | 有趣 0.064 |

─新幹線　─飛機　─汽車

**圖 6.3　模式 2 的階層圖**

　　這也與模式 1 並無太大差異。新幹線想像不到有這麼地好。此處，在注意階層圖之中，發覺到原先打算照預定抵達所安排的基準「到達時刻」之意義並不明確。亦即，此基準具有如下兩個意義。

(1) 前日的工作結束之後，在約定的 22 日中午抵達的最佳時刻是否有呢？

(2) 預約的班次是否確實地照時刻表開動呢？

　　因此，在「到達時刻」之下如圖 6.4 追加 2 個子基準「22 日正午」與「確實」的層次，當作「模式 3」。接著，子基準的比重決定之後進行下面的替代案的一對比較。

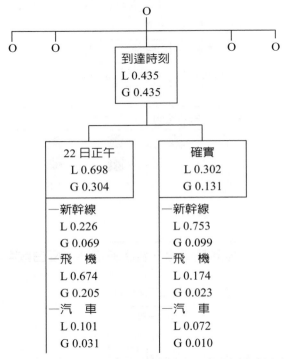

**圖 6.4　模式 3：「到達時刻」以下的階層圖**

　　在「22 日正午」的下方，實際觀察時刻表，因為在前一日下午有會議，與其當天的早上勉強的搭乘新幹線，不如前一日下午搭乘有班次之飛機，在比重上較為有利；在「確實」的下方，與其利用受天候影響而恐有停飛或延誤之飛機，不如利用雖然有稍許的不佳天氣而其影響仍較少的新幹線可以判斷較為有利。圖 6.4 中，各方格表示有局部比重（L）與總合比重（G）（亦即由上面的方格所見到的比重，與由目標所見到的比重）。

此處模式 3 中的替代案的總合比重如下得出：

| 新幹線 | 飛機 | 汽車 |
|--------|------|------|
| 0.409 | 0.455 | 0.136 |

(3)

　　在此時點重新評估時，評價基準似乎妥當，整合度的總合評價 0.08 也能滿足，因此姑且到此告一段落。實際上，毫不擔心氣候而是利用飛機前往的。

## 6.1.3 只有一個解並不一定正確

　　說明上面的例子是想敘述當觀察一度所做出來的階層圖或比較判斷的結果之後，必須要好好檢討才行。決策人員如感到不合適時，還是不能使用。階層圖的作法中何處有不合理的地方，有需要重新進行比較判斷，因之追究不合適的原因，重新製作模式，是好好使用 AHP 的第一步。

　　一旦做出模式，就釘住它，而且一經計算求出解答的話，就喜出望外以為大功告成的使用者經常可見。如做出生產計畫的 LP 模式並經計算時，它的解不過是在假定的條件式或係數下的最適解，因之條件改變或材料的成本及利用可能量出現不同的話，如果不檢討最適解如何改變就算了事的情形是不智的。

　　但是，使用 AHP 如使用個人電腦非常方便。使用軟體即可順利繪製階層圖，也不用自己計算可以專心思考。即使決策人員覺得有點不合適，也可以馬上加以修正。

## 6.1.4 修正模式的典型類型

　　此處，把修正階層圖的類型試著整理列出。但是，這些也有重複的地方雖非全部，於實際修正時或許有一些可以作為參考。

### (1) 人物的追加（或相反地，刪除）

　　參與問題解決的人的影響甚大時，可在目標的水準與評價基準的水準間，設立當事者的水準，也可以給這些人設定比重。

### (2) 評價基準的詳細化、要素的分解或追加層次

　　為了更詳細地表示評價基準，可從圖 6.3 變成圖 6.4 那樣追加附屬的基準層次。附屬的基準數少而且內容大的話，可增加要素，亦即，將圖 6.4 的「22 日正午」與「確實」，與「所要時間」及「安全」並列作成第 2 層也是可以的。

### (3) 要素的省略 —— 省略比重小可以忽略的要素，當相同的要素重複時可削除之

　　比重極小的例子如下節說明。Harker 指出有相同要素之情形。

## (4) 要素的合併、集群化（要素的分解）── 相同要素之合併

在同一水準內將複數個要素整理成一個標題要素比較好的情形是有的。此即為將幾個類似的要素整理歸納之情形，以及把被認為是從屬的要素整理在一起的情形。

## (5) 收益（或對目標有正面作用之要因）與費用（負面作用之要因）的基準分離 ── 費用對收益分析型之模式

當想要執行某種新事項時，所需要的費用、預算等，以及將它的效果當作同列的基準排列時，有關費用之項目總是會略勝一籌，大多難以進行妥當的分析。因此，有關收益（或效果、機能等）基準之階層圖以及有關費用之階層圖分別製作，之後使之對比的方法也有，因之可以加以利用。

## (6) 以發想（觀點）的轉換製作完全不同的階層圖

當設計資訊系統時，(a) 將今後設計、開發的系統應發揮的機能及開發上的問題點等作為中心的見解是首先會加以考慮的。如將此交給高階時，不一定會被接受。因為這是屬於中層管理者的或短中期之觀點的緣故。高階的觀點或許是與其如此還不如 (b) 利用新的系統，公司會獲得什麼樣的利益呢？新的系統在今後的經濟環境之中將會如何有助於企業經營戰略之決定呢？或者是要求中長期的展望也說不定。因此，如果考慮到 (a) 的發想模式的話，經由轉換成 (b) 的觀點，模式至少上方的水準就會變成完全不同。

其中的幾項與其他事項，利用以下來補充。

### 6.1.5 要素的數目過多時

花了相當多的勞力一口氣製作了 4、5 層而且各層均有許多要素之龐大階層圖，而對它僅評估一次的例子卻經常不見。

並非一次做出所有的階層就算完成，在第 2 層或第 3 層，比重極輕的要素可以削除掉，以後從檢討中拿掉也是需要的。

在前例的圖 6.3 中，「費用」與「有趣」的比重均比其他三者小。此出差並非從自己的口袋支付旅費，前往演講的旅途中「有趣」或「快樂」是屬於次要，所以比重小。因此，從這些以下的要素即使忽略了對最終結果的影響也極小。省略此二者的結果之階層圖（當作模式 4）如圖 6.5，此結果的總合比重如下。

| 新幹線 | 飛機 | 汽車 |
|--------|------|------|
| 0.426 | 0.468 | 0.106 |

(4)

當然在最初的階段裡，即使是分析者認為不重要的要素而負責人或有關人員表示關心的話，不如加入階層圖可以不受刁難的進行。計算出來的比重小讓對方看取得諒解，削除後再進行即可。

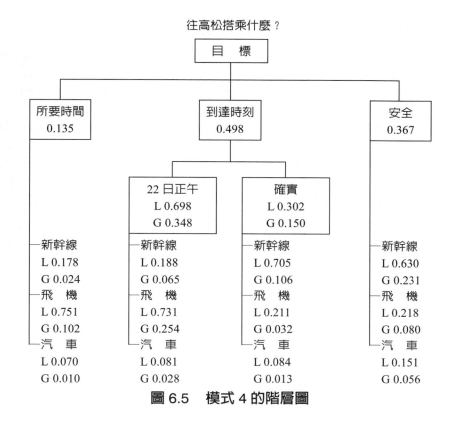

圖 6.5　模式 4 的階層圖

　　只是把綜合比重，不是用在選擇，而是想用在分配之情形下當要考慮所有的項目時，像這樣在途中省略要素恐有割捨弱者，所以要注意。

　　另外，當變成大的階層圖時，除了 5 層、6 層之圖以外，可先在上方的 2、3 層揭示有替代案的圖中列入比重，事後再去製作簡要圖。

## 6.1.6 排除從屬的要素

　　在上例中，曾敘述雖然也有移動中的「舒適性」的評價基準，然而在某種程度的移動方面，如認為舒適與「所要時間」幾乎成比例可將之省略，像這樣，一層之中的要素儘可能選擇獨立的要素最好。在發覺從屬性的有無方面，也可利用下節的圖形，而在軟體中有標示它的警告。

　　關於有高度從屬性的情形之研究雖然也有，但在實用上卻稍許麻煩。相關到什麼程度，即使忽略從屬性實行起來也不會有實用上的問題呢！雖然希望有此種尺度之呼聲，但還未進行研究。

### 6.1.7 敏感度分析的應用

所謂敏感度分析,是一旦求解問題之後,該問題的條件與數據如從最初起即發生變化的話,對解答或結果會有何種之影響,在實施結果之前事先進行調查。在 AHP 方面,求出替代案的總合比重之後,評價基準的比重改變或一對比較的判斷(一對比較矩陣的要素)改變時,調查總合比重如何改變。

在前往高松的例子裡的模式 4 的階層圖(圖 6.5)中,結果出現之後評價基準之中的「到達時刻」的比重改變時,替代案的總合比重之變化模樣利用「Expert Choice」軟體求出之圖形即為圖 6.6。縱向的點線 0.498 是在圖 6.5 的比重下,求出模式 4 的總合比重值。圖的左端,如果忽略到達時刻(比重為 0)僅是剩餘的基準的總合比重,顯示新幹線為 0.5,飛機為 0.37,汽車為 0.13。右端是不考慮其他的基準只以到達時刻來判斷時(比重 1)的總合比重,此時飛機大約是 0.6 的比重。

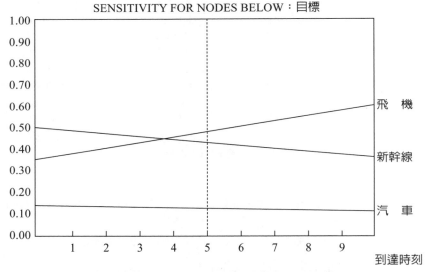

圖 6.6　有關模式 4 的「到達時刻」的敏感度分析

敏感度分析圖對模式的改善也有幫助。如觀察圖 6.7 的階層圖的「主要機能」之下的 2 個要素的敏感度分析圖時,關於「物流管理」(圖 6.8)與「銷售預測」(圖 6.9),3 個方案的比重變化形狀幾乎相同。因之,2 個要素「庫存管理」與「需求預測」對替代案來說可以認為幾乎發揮相同功能或相互是從屬關係。因此,進行合併或只在一方進行修正是需要的。另外,對於「開發‧移行」之下的要素試著繪製敏感度分析圖時,層次 2 的「成本」與「工數」的比重不管如何改變,3 個替代案的比重幾乎未改變,而形成平衡。A、B、C 3 案的特性,對於「成本」或「工數」是那樣的遲鈍,是製作了特性之差異不甚明確的替代案嗎?或者是像上面「成本」與「工數」

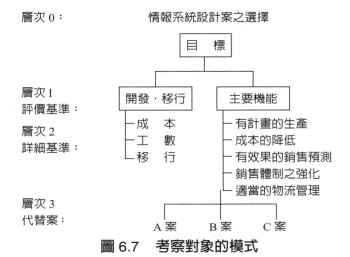

圖 6.7　**考察對象的模式**

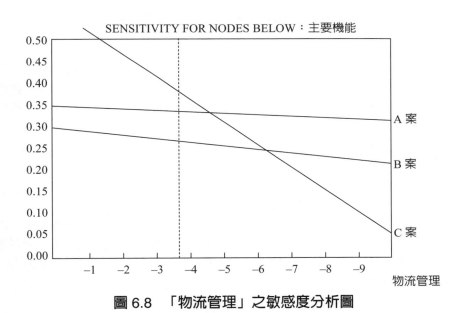

圖 6.8　**「物流管理」之敏感度分析圖**

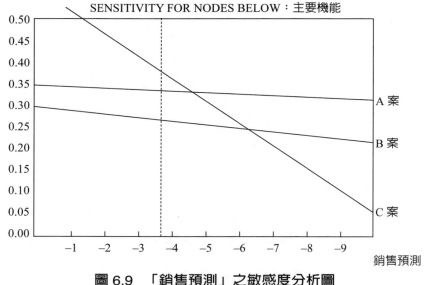

圖 6.9 「銷售預測」之敏感度分析圖

之要素完全類似呢？由於顯示出它們是從屬性之要素，所以仍然需要重新考慮。

此事實際上成本與工數的一對比較矩陣，雙方幾乎是相同數值以相同的形式排列著，是用不著看圖。可是，只是利用語言來比較而不看矩陣時，顯然有些誇大仍需要敏感度分析圖之支援。

## 6.1.8 一對比較使用語言

實際上讓決策人員協助實行 AHP 時，可以把一對比較的判斷所對應之 1～9 的數值先隱藏著，使用語言讓他們回答「幾乎一樣重要」或「相當重要」。

以數值讓他們說出 1 或 5 時，會讓人懷疑這個是那個的 5 倍或 1/5，考慮分數的意義而無法進展，如有只說低值的 1、2、3 的人就不會順利進行，這些是以往一直在應用的人大家的意見。如果是能理解分數的數值意義的人時，以數值進行一對比較不但沒問題，效率也好。

# Note

# 6-2 根據Saaty的方法對比重的若干考察

## 6.2.1 前言

關於 AHP 中比重的計算，利用 Saaty 的特徵向量方法是最理想的，此性質在前面幾章中已有涉及談過，此處將應用上有關的幾個話題的研究加以整理介紹。

關於整合性的確認是使用整合比 C.R.，一般使用 0.1 當作它的判斷基準。2.2 節中介紹要素 n 為 3、4 時採用比經驗法則之基準 0.1 稍許嚴格些是比較好的，以及 n 在 5 以上時 0.1 的基準是有足夠的理論根據。2.3 節是敘述利用 Saaty 方法計算出來的比重，並不僅是利用一對比較的直接比率，在某種意義裡也可反映所有的間接性比率。2.4 節探討一對比較中有幾個總是難以得到答案時之比重估計方法。2.6 節是討論從一對比較矩陣估計比重的其他方法，2.7 節是說明與利用特徵向量法所得之比重有非常相似之結果，並調查一對比較矩陣之列之幾何平均的性質。

## 6.2.2 關於整合性之判定的基準值

Saaty 的特徵向量法的魅力，與其他的方法不同在於不需要勞力就可以確認一對比較判斷的整合性。但是，對於整合度 C.I. 之值在多少的範圍才可以看成具有整合性，從經驗來看，對於隨機給與要素之值所得出的矩陣來說，所計算出來的 C.I. 之平均值在 10% 以內可以看成是一個基準尺度。實際上，要素的數目 n 為 3 時，由於是基於正確的分配，n 為 4 以上時是根據 2500 個樣本所估計出來的分配，所以經驗法則知道是可以充分滿足的。

表 6.1 的第 2 行，顯示隨機之矩陣其 C.I. 之平均值的 10% 值，該隨機矩陣的 C.I.，在該值以下的機率列在右端行中。由此表知，當 n = 3 時，即使是任意的一對比較矩陣，依經驗法則在所給與之值以下也發生有 21%，在 n = 4 則發生 3%。因此，n = 3、4 時，建議要比基準嚴格分別當作 0.0035、0048（它們分別是 5%、1% 的點）。

## 6.2.3 利用特徵向量法估計與比率

一對比較矩陣 A 的第 h 行向量是要素 h 與其他要素的一對比較，如將它標準化時即可看成是表示由要素 h 來看的比重。以具體例來看此情形。

例 1　在日本地圖的例子中，假定一對比較矩陣如下給與：

$$A = \begin{array}{c} \\ \text{北海道} \\ \text{本\quad 州} \\ \text{四\quad 國} \\ \text{九\quad 州} \end{array} \begin{array}{cccc} \text{北} & \text{本} & \text{四} & \text{九} \\ \begin{bmatrix} 1 & 1/3 & 3 & 2 \\ 3 & 1 & 9 & 6 \\ 1/3 & 1/9 & 1 & 1/5 \\ 1/2 & 1/6 & 5 & 1 \end{bmatrix} \end{array}$$

表 6.1　判定之基準值與機率

| | （經驗法則）隨機矩陣的 C.I. 的平均 10% | 隨機矩陣的 C.I. 在左方數值以下的機率 |
|---|---|---|
| n = 3 | 0.052 | 0.21 |
| n = 4 | 0.087 | 0.03 |
| n = 5 | 0.110 | 0.004 |
| n = 6 | 0.125 | 0.0004 |
| n = 7 | 0.134 | 0.0001 |
| n = 8 | 0.140 | 0.00001 |
| n = 9 | 0.145 | — |
| n = 10 | 0.149 | — |

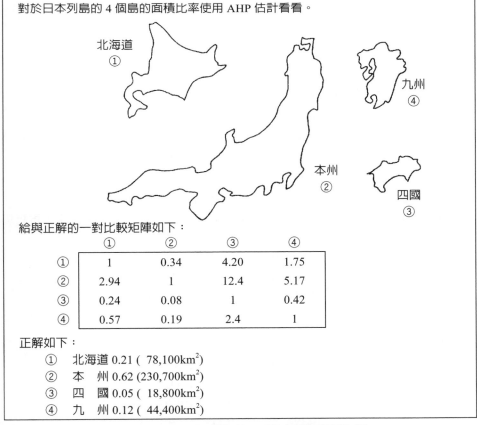

對於日本列島的 4 個島的面積比率使用 AHP 估計看看。

北海道 ①

九州 ④

本州 ②

四國 ③

給與正解的一對比較矩陣如下：

| | ① | ② | ③ | ④ |
|---|---|---|---|---|
| ① | 1 | 0.34 | 4.20 | 1.75 |
| ② | 2.94 | 1 | 12.4 | 5.17 |
| ③ | 0.24 | 0.08 | 1 | 0.42 |
| ④ | 0.57 | 0.19 | 2.4 | 1 |

正解如下：
① 北海道 0.21 ( 78,100km$^2$)
② 本　州 0.62 (230,700km$^2$)
③ 四　國 0.05 ( 18,800km$^2$)
④ 九　州 0.12 ( 44,400km$^2$)

圖 6.10　日本列島的 4 個島的面積比例

由此得出比重爲：

$$w = (0.201 \quad 0.604 \quad 0.051 \quad 0.143)$$
$$\lambda_{max} = 4.186$$

將此一對比較矩陣的各行向量標準化（使行的和成爲 1 之下，將各要素以行的和去除當成新的要素）成爲如下：

$$\begin{bmatrix} 0.207 & 0.207 & 0.167 & 0.217 \\ 0.621 & 0.621 & 0.500 & 0.652 \\ 0.069 & 0.069 & 0.056 & 0.022 \\ 0.103 & 0.103 & 0.278 & 0.109 \end{bmatrix}$$

此矩陣的各行向量分別表示一個比重。

但是，因爲 $a_{ij} \sim w_i/w_j$，$a_{jh} \sim w_j/w_h$，所以 $a_{ij} \times a_{jh}$ 成爲 $w_i/w_h$ 的間接近似（由 i 到 j，由 j 到 h 使用 2 個要素，因之近似沿著長度 2 之路徑）。因此，將矩陣 A 平方後之 (i, h) 要素 $a_{ih}^{(2)} = \Sigma\, a_{ij} \times a_{jh}$ 是沿著長度 2 之所有路徑的比率 $w_i/w_j$ 之間接性近似之和。

$$A^2 = a_{ij}^{(2)} = \begin{bmatrix} 4 & 4/3 & 19 & 33/5 \\ 12 & 4 & 57 & 99/5 \\ 11/10 & 11/30 & 4 & 26/15 \\ 19/6 & 19/18 & 13 & 4 \end{bmatrix}$$

將此矩陣之行向量標準化成爲：

$$\begin{bmatrix} 0.197 & 0.197 & 0.204 & 0.205 \\ 0.592 & 0.592 & 0.613 & 0.616 \\ 0.054 & 0.054 & 0.043 & 0.054 \\ 0.156 & 0.156 & 0.140 & 0.124 \end{bmatrix}$$

此第 h 行向量是考慮至長度 2 的所有間接性比率後由要素 h 所看的比重。

如考慮間接的比率時，所有的行向量逐漸接近相同之值。爲了觀察此事，再想想 $A^3$ 看看，

$$A^3 = \begin{bmatrix} 529/30 & 529/90 & 76 & 132/5 \\ 529/10 & 529/30 & 228 & 396/5 \\ 44/10 & 44/30 & 4 & 26/15 \\ 19/6 & 19/18 & 13 & 4 \end{bmatrix}$$

將此標準化即爲：

$$\begin{bmatrix} 0.201 & 0.201 & 0.203 & 0.200 \\ 0.604 & 0.604 & 0.608 & 0.601 \\ 0.050 & 0.050 & 0.051 & 0.053 \\ 0.145 & 0.145 & 0.139 & 0.146 \end{bmatrix}$$

實際上，將 $A^k = (a_{ij}^{(k)})$ 的第 h 行標準化，即為考慮沿著至長度 k 的所有路徑之間接比率後由要素 h 所看的比重。此時對任意的 h 來說，成立：

$$w_i = \lim_{k \to w} a_{ih}^{(h)} / \sum_j a_{jh}^{(k)} \qquad i = 1, 2, \ldots, n$$

## 6.2.4 有關語言與數值之對應

在一對比較裡，由於可以用「大約相同」、「稍微」之類有「範圍」之語言來回答，因之大為減輕決策人員的負擔。設立一對比較矩陣時，要將它們變換成 1～9 的數值，可是並非任何情形都必須讓 1～9 的數值對應此語言，最好使用符合各種問題的尺度。但是，1～9 的尺度相當可以掌握個人的偏好。

(1) 在真正的比重很清楚的問題中調查時，就非常地符合。

(2) 即使使用簡單的 1～9 的尺度，特徵向量的非線形舉動，可以表示非線形的認知尺度。

(3) 特徵向量有些許不受尺度影響的地方。

其次，在例 1 的日本地圖中，使用 1～9 的線形尺度與（20，21，22，23，24）的尺度加以比較。由此知任一者均無太大的差異。

| | 同樣重要 | | 略微重要 | | 重要 | | 明顯重要 | | 絕對重要 |
|---|---|---|---|---|---|---|---|---|---|
| 線形： | 1 | 2 | 3 | 4 | 5 | 6 | 7 | 8 | 9 |
| 指數： | 1 | $2^{1/2}$ | $2^1$ | $2^{3/2}$ | $2^2$ | $2^{5/2}$ | $2^3$ | $2^{7/2}$ | $2^4$ |

在線形尺度方面成為如下：

$$\begin{bmatrix} 1 & 1/3 & 3 & 2 \\ 3 & 1 & 9 & 6 \\ 1/3 & 1/9 & 1 & 1/5 \\ 1/2 & 1/6 & 5 & 1 \end{bmatrix}$$

在指數尺度方面，成為如下：

$$\begin{bmatrix} 1 & 1/2^1 & 2^1 & 2^{1/2} \\ 2^1 & 1 & 2^4 & 2^{5/2} \\ 1/2^1 & 1/2^4 & 1 & 1/2^2 \\ 1/2^{1/2} & 1/2^{5/2} & 2^2 & 1 \end{bmatrix}$$

尺度如果不同的話，由於在微妙的地方會有順位逆轉之情形，因之敏感度分析是很重要的。

## 6.2.5 由不完全的一對比較估計比重

在一對比較之中，也有直接難於回答以及要如何判斷才好的地方，與其任意的回答

不如儘可能把回答略過之情形也有。如此也可從一對比較的一部分中沒有回答的「不完全一對比較矩陣」利用特徵向量來估計比重。步驟如下：

【步驟1】一對比較中未能回答的地方照樣空著，做出「不完全一對比較矩陣」。對角要素先讓它空著。對於未能回答的要素配對（Pair），確認可否進行間接的比較（即使沒有 $a_{ih}$ 的回答，譬如 $a_{ij} = w_i/w_j$，$a_{jk} = w_j/w_k$ 能夠回答，可否間接以 $a_{ij} \times a_{jh}$ 求出 $a_{ik}$）。如果有無法間接比較之要素時，必須追加一對比較判斷。

【步驟2】在各列中，計數空著的個數，將它的數目當作各對角要素之值。空著的部位當成 0。

【步驟3】就步驟 2 所求出之矩陣分別求出最大特徵值與對應的特徵向量，將它當作比重。

以問題說明如下。

例2　在日本地圖的例子中，假定只回答出 $a_{13} = 3$，$a_{14} = 2$，$a_{23} = 9$，$a_{24} = 6$。

【步驟1】在一對比較的回答與倒數關係下，得出如下的不完全一對比較矩陣。

$$\begin{bmatrix} & & 3 & 2 \\ & & 9 & 6 \\ 1/3 & 1/9 & & \\ 1/2 & 1/6 & & \end{bmatrix}$$

不清楚的地方全部均能間接的比較。譬如，要素 (1, 2) 因為知道 $a_{13}$、$a_{32}$，所以 $a_{13} \times a_{32}$ 即成為 $a_{12}$ 的一個間接比率。

【步驟2】在第 1 列中空著的地方有 2 處，因之對角要素當作 2。對角要素以外的空著地方當作 0。其他列的情形相同，得出如下：

$$\begin{bmatrix} 2 & 0 & 3 & 2 \\ 0 & 2 & 9 & 6 \\ 1/3 & 1/9 & 2 & 0 \\ 1/2 & 1/6 & 0 & 2 \end{bmatrix}$$

【步驟3】最大特徵值與對應的特徵向量為：

$$\lambda_{max} = 4$$
$$w = (0.207 \quad 0.621 \quad 0.069 \quad 0.103)$$

此方法的特徵有以下三者。

(1) 比重向量的各要素皆為正。

(2) 如果，所有的一對比較的回答有整合性時（不管對於 i、j 的那一對，$a_{ij} = a_{jh} \times a_{hj}$ 成立時），即使從其中的一對比較也可求出相同之比重。以例子來說明。

例3　試考慮如下有完整之整合性的一對比較矩陣看看。

$$\begin{bmatrix} 1 & 3 & 1/2 & 6 \\ 1/3 & 1 & 1/6 & 2 \\ 2 & 6 & 1 & 12 \\ 1/6 & 1/2 & 1/12 & 1 \end{bmatrix}$$

最大特徵值與它的特徵向量為：

$$\lambda_{max} = 4$$
$$w = (0.286 \quad 0.095 \quad 0.571 \quad 0.048)$$

今，假定在此一對比較矩陣中，只知道 $a_{12} = 3$，$a_{24} = 2$，$a_{32} = 6$ 時，亦即：

$$\begin{bmatrix} & 3 & & \\ 1/3 & & 1/6 & 2 \\ & 6 & & \\ & 1/2 & & \end{bmatrix}$$

將此使用前面的步驟時，變成如下：

$$\begin{bmatrix} 3 & 3 & 0 & 0 \\ 1/3 & 1 & 1/6 & 2 \\ 0 & 6 & 3 & 0 \\ 0 & 1/2 & 0 & 3 \end{bmatrix}$$

求出最大特徵值與對應的特徵向量時，即

$$\lambda_{max} = 4$$
$$w = (0.286 \quad 0.095 \quad 0.571 \quad 0.048)$$

得出與完全之情形相同的比重。

(3) $\lambda_{max} \geq n$。此處有等號，是將適當的比率代入不知道的地方，得出有整合性之完全一對比較矩陣時，僅此情形而已。

在特別的情形下，按 (1, 2)、(2, 3)、……、(n − 1, n) 順次進行一對比較最後回到 (n, 1)，在此種巡迴詢問中，特徵值與特徵向量簡單地求出為：

$$\lambda_{max} = (n - 2) + (k + 1/k) \leq n$$
$$w = c(1, ka_{21}, k^2 a_{32}a_{21}, \ldots\ldots, k^{n-1}a_{n,n-1}a_{n-1,n-2}, \ldots\ldots, a_{32}a_{21})$$

此處，c 為正的常數，$k = (a_{12}a_{23} \ldots\ldots a_{n-1,n}a_{n1})^{1/n}$

包含所有要素的巡迴詢問，全部有 (n − 1)!/2 種，由此可以求出 (n − 1)!/2 個不同的比重。這些的中心（幾何平均）可以說與 A 的列的幾何平均一致。請看它的例子。

例 4　再想想日本地圖的例子。

$$\begin{bmatrix} 1 & 1/3 & 3 & 2 \\ 3 & 1 & 9 & 6 \\ 1/3 & 1/9 & 1 & 1/5 \\ 1/2 & 1/6 & 5 & 1 \end{bmatrix}$$

從此矩陣的列的幾何平均所求出之比重為：

$$w = (0.203 \quad 0.609 \quad 0.050 \quad 0.137)$$

此處要素有 4 個，共有 $(4-1)!/2 = 3$ 種巡迴詢問的方式。從巡迴詢問 $(1, 2)$、$(2, 3)$、$(3, 4)$、$(4, 1)$（或者 $(1, 4)$、$(4, 3)$、$(3, 2)$、$(2, 1)$）來看，

$$k = (a_{12}a_{23}a_{34}a_{41})^{1/4} = (1/3 \times 9 \times 1/5 \times 1/2)^{1/4}$$
$$= 0.740$$
$$\lambda_{max} = (n-2) + k + 1/k = 4.091$$
$$w = (0.245 \quad 0.544 \quad 0.045 \quad 0.166)$$

從巡迴詢問 $(1, 3)$、$(3, 2)$、$(2, 4)$、$(4, 1)$（或者 $(1, 4)$、$(4, 2)$、$(2, 3)$、$(3, 1)$）來看，

$$k = (a_{13}a_{32}a_{24}a_{41})^{1/4} = (3 \times 1/9 \times 6 \times 1/2)^{1/4}$$
$$= 1$$
$$\lambda_{max} = (n-2) + k + 1/k = 4$$
$$w = (0.207 \quad 0.621 \quad 0.069 \quad 0.103)$$

從巡迴詢問 $(1, 2)$、$(2, 4)$、$(4, 3)$、$(3, 1)$（或者 $(1, 3)$、$(3, 4)$、$(4, 2)$、$(2, 1)$）來看，

$$k = (a_{12}a_{24}a_{43}a_{31})^{1/4} = (1/3 \times 6 \times 5 \times 1/3)^{1/4}$$
$$= 1.351$$
$$\lambda_{max} = (n-2) + k + 1/k = 4.091$$
$$w = (0.161 \quad 0.652 \quad 0.040 \quad 0.147)$$

計算此三個幾何平均時，

$$w = (0.203 \quad 0.609 \quad 0.050 \quad 0.137)$$

與 A 的列的幾何平均一致。

除此之外，對於要素有許多時以及每一對的比較甚花時間時，像各自不進行所有對的比較以減少比較的次數，而且，使所有的要素能以均等次數評價那樣，用實驗計畫的想法由幾人來分擔比較的方法也有人在研究。

## 6.2.6 比重計算除特徵向量法以外的方法

從利用比率尺度的一對比較矩陣 $A = (a_{ij})$ 來估計比重的方法，除使用特徵向量以外

也可考慮其他幾種方法。

首先，使 $a_{ij}$ 與 $w_i/w_j$ 之差的平方和為最小，亦即求：

$$z = \min \Sigma \Sigma (a_{ij} - w_i/w_j)^2$$

的 $w = (w_i)$，可以考慮最小平方法（LSM）。此解法相當麻煩，而且解也不一定唯一。

例5　一對比較矩陣：

$$\begin{bmatrix} 1 & 9 & 5 \\ 1/9 & 1 & 9 \\ 1/5 & 1/9 & 1 \end{bmatrix}$$

如使用最小平方法時，w = (0.779　0.097　0.124) 與 w = (0.410　0.524　0.066)，z = 71.48 均使 z 為最小。

其次可以考慮對數最小平方法（LISM），即求 $w = (w_i)$ 使：

$$\min \Sigma \Sigma (\ln a_{ij} - \ln w_i/w_j)^2$$

這可以簡單求出與先前的最小平方法不同的解。它事實上即為 A 之列的幾何平均：

$$w_i = (\prod_j a_{ij})^{1/n}$$

例6　在日本地圖的例子中，試看以下：

$$\begin{bmatrix} 1 & 1/3 & 3 & 2 \\ 3 & 1 & 9 & 6 \\ 1/3 & 1/9 & 1 & 1/5 \\ 1/2 & 1/6 & 5 & 1 \end{bmatrix}$$

第 1 列的幾何平均為 $(1 \times 1/3 \times 3 \times 2)^{1/4} = 1.190$。其他列的幾何平均也同樣去求，使全體和成為 1 之下進行標準化時即為：

$$w = (0.203 \quad 0.609 \quad 0.050 \quad 0.137)$$

這與利用特徵向量求出之比重：

$$w = (0.201 \quad 0.604 \quad 0.051 \quad 0.143)$$

兩者的結果非常接近。

## 6.2.7 列的幾何平均的性質

A 的列的幾何平均，有幾個令人滿意的性質介紹如下。

(1) 一對比較的判斷，可以想成是將 $a_{ij}$ 當作實際的比率 $w_i/w_j$ 乘上數種的誤差來估計。

因此，以一對比較的模式來說，假定：

$$a_{ij} = w_i/w_j \times \varepsilon_{ij}$$

　　此處 $\varepsilon_{ij}$ 是表示誤差的機率變數，假定相互獨立且服從平均，變異數 $\sigma^2$ 的對數常態分配。

　　此時 A 的行的幾何平均即為最大概似估計量。

(2) 從各列向量所估計的 n 個比重向量就各個要素取幾何平均後之向量，與原先之 A 的列的幾何平均相一致。

例 7　在日本地圖的例子中，由各列向量得出：

$$w_1 = (0.207 \quad 0.621 \quad 0.069 \quad 0.103)$$
$$w_2 = (0.207 \quad 0.621 \quad 0.069 \quad 0.103)$$
$$w_3 = (0.167 \quad 0.500 \quad 0.056 \quad 0.278)$$
$$w_4 = (0.217 \quad 0.652 \quad 0.022 \quad 0.109)$$

各要素取幾何平均，並進行標準化時，與 A 之列的幾何平均相一致，即：

$$w = (0.203 \quad 0.609 \quad 0.050 \quad 0.137)$$

(3) 可以更一般性說出如下事項。從 (n – 1) 個一對比較 (1, 2)、(2, 3)、(3, 4)、……、(n – l, n) 求得一個比重。並且對於 {1, 2, ……, n} 的一個置換來說可決定一個比重。置換全體共有 n! 種，所以可以得出 n! 個可能的比重。A 如有整合性時，全部皆相等，而當沒有整合性時，至多有 n!/2 個不同。這些 n! 個比重的幾何平均與 A 之列的幾何平均相一致。

(4) 在特徵向量法中，將 A 轉置（此與要素 j 對要素 i 之比率 $w_j/w_i$ 的估計 $a_{ji}$ 記入到 (i, j) 的要素中是相同的）之後的比重的倒數不成為 A 的比重，相對的在 LISM 中此關係成立。

(5) 從一對比較矩陣 A，將所有的間接比率的幾何平均當作要素來設定矩陣時，它的列的幾何平均與原先 A 之列的幾何平均相一致。（當考慮到所有的間接比率的平均時，在特徵向量法中可想成算術平均，但此處則取幾何平均。）

例 8　在日本地圖的例子中：

$$\begin{bmatrix} 1 & 1/3 & 3 & 2 \\ 3 & 1 & 9 & 6 \\ 1/3 & 1/9 & 1 & 1/5 \\ 1/2 & 1/6 & 5 & 1 \end{bmatrix}$$

　　試就各個要素計算所有的間接性比率的幾何平均看看。譬如，就要素 (2, 3) 來看，要素 2 與 3 除利用直接比較之比率 $a_{23} = 9$ 之外，因有利用 4 個間接比較之比率 $a_{21} \times a_{13} = 9$，$a_{24} \times a_{43} = 30$，$a_{21} \times a_{14} \times a_{43} = 30$，$a_{24} \times a_{41} \times a_{13} = 9$，取這些之幾何平均，

$$(9 \times 9 \times 30 \times 30 \times 9)^{1/5} = 14.568$$

將此當作 $w_2/w_3$ 的估計。其他的要素也同樣計算，得出如下的矩陣：

$$\begin{bmatrix} 1 & 0.333 & 4.856 & 1.236 \\ 3 & 1 & 14.568 & 3.707 \\ 0.206 & 0.069 & 1 & 0.524 \\ 0.809 & 0.270 & 1.908 & 1 \end{bmatrix}$$

此矩陣的列的幾何平均與原先之 A 的幾何平均一致。

## 6.2.8 結語

在社會中經常使用「各方面綜合看看」之表現方式，而合理的展開「各方面綜合看看」的過程即為 AHP，如此想是不會錯的。即使以往基於相同之目的提出了許多的方式，但並沒有像這樣簡單的方法。

此處就 AHP 的應用例、用法再次加以整理。

### ◆ AHP 的應用例

(1) 個人的決策（就職、結婚、休閒、購買）。
(2) 小組活動的決策（主題的決定、重要度評價）。
(3) 行銷與營業活動的方向設定。
(4) 各種衝突的化解。
(5) 新產品開發計畫與商品企劃。
(6) 國家級的決策。
(7) 企業的長期計畫制定。
(8) 人事計畫。

### ◆ AHP 的用法

最初，不妨從單純的問題開始應用。使用前進過程型，一度的操作熟練之後，再逐漸地向複雜的挑戰。此即為「費用／收益分析」與「前進・後退過程」等。特別是後者有助於匯集、凝聚戰術性的決策。

任一情形，都是先確立階層構造，其次進行一對比較，求解特微值問題並求出各要素之比重，再予以累積計算。然後計算最終層次的方案的重要度。

對於一對比較之值不確定時，讓該值變化看看，並調查它對最終的重要度有何影響──敏感度分析──也是非常重要的。另外，對項目間的從屬性也要多加注意。

各方案的重要度是基於階層構造的總合指數，表現著各方案的相對性之重要度，AHP 本質上是比率尺度方式，重要度之比較也以比率來看較為合理。根據該值設定第 1 位，第 2 位，……的順序，當然也是可能的。

然而 AHP 絕非萬能，它對複雜且模糊不清的狀況下做決策是有幫助的。更具體的說即為以下的情形。

(1) 評價基準有很多，而且相互間並無共同之尺度。
(2) 價值判斷要依賴感覺的要素，數值化不易。

(3) 毫無數據，或者要在難以蒐集的環境下做決策。

(4) 於決定之前，假想各種之情況以預測決策的影響。

　　依據某調查，社會上的 80% 決策可以說都是以上的類型。在能應用定量性的方法的情形裡，建議使用定量手法，又 AHP 若能與定量的方法併用的話，更可獲得充分的好處。

　　希望各位讀者對 AHP 之活用也能大大的推陳出新。

## 知識補充站

　　若每一成對比較矩陣的一致性程度均符合所需，則尚需檢定整個層級結構的一致性。如果整個層級結構的一致性程度不符合要求，顯示層級的要素關聯有問題，必須重新進行要素及其關聯的分析。層級一致性的檢定分析可使用試算表軟體（如：EXCEL）、專用分析軟體「專家選擇」系統（Expert Choice），或「超級決策」系統（Superdecisions）、或以程式語言自行設計。

# 參考文獻

1. T.L. Saaty and K.P. Kearns: *Analytic Planning, the Organization of Systems*, Pergamon Press, Oxford, England, 1985.
2. T.L. Saaty and J. Alexander: *Conflict Resolution, the Analytic Hierarchy Approach*, Praeger, New York, USA, 1989.
3. 刀根薰，ゲーム感覚意思決定法：AHP 入門，日科技連出版社，1986。
4. 刀根薰、眞鍋龍太郎，AHP 事例集—階層化意思決定法，日科技連出版社，1990。
5. 木下栄蔵，AHP の理論と実際，日科技連出版社，2000。
6. 陳耀茂，決策分析－方法與應用，五南出版，2019。

國家圖書館出版品預行編目資料

圖解層級分析法／陳耀茂作. ——初版. ——
臺北市：五南圖書出版股份有限公司，
2022.01
面；　公分
ISBN 978-626-317-287-6（平裝）

1.決策管理　2.層次分類法

494.1　　　　　　　　　　110017044

5BJ7

# 圖解層級分析法

作　　　者 — 陳耀茂（270）

發 行 人 — 楊榮川

總 經 理 — 楊士清

總 編 輯 — 楊秀麗

副總編輯 — 王正華

責任編輯 — 張維文

封面設計 — 姚孝慈

出 版 者 — 五南圖書出版股份有限公司

地　　　址：106台北市大安區和平東路二段339號4樓

電　　　話：(02)2705-5066　　傳　　　真：(02)2706-6100

網　　　址：https://www.wunan.com.tw

電子郵件：wunan@wunan.com.tw

劃撥帳號：01068953

戶　　　名：五南圖書出版股份有限公司

法律顧問　林勝安律師事務所　林勝安律師

出版日期　2022年1月初版一刷

定　　　價　新臺幣320元

# 經典永恆・名著常在

## 五十週年的獻禮 ── 經典名著文庫

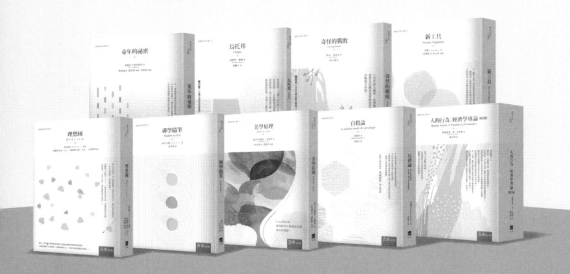

五南，五十年了，半個世紀，人生旅程的一大半，走過來了。
思索著，邁向百年的未來歷程，能為知識界、文化學術界作些什麼？
在速食文化的生態下，有什麼值得讓人雋永品味的？

歷代經典・當今名著，經過時間的洗禮，千錘百鍊，流傳至今，光芒耀人；
不僅使我們能領悟前人的智慧，同時也增深加廣我們思考的深度與視野。
我們決心投入巨資，有計畫的系統梳選，成立「經典名著文庫」，
希望收入古今中外思想性的、充滿睿智與獨見的經典、名著。
這是一項理想性的、永續性的巨大出版工程。
不在意讀者的眾寡，只考慮它的學術價值，力求完整展現先哲思想的軌跡；
為知識界開啟一片智慧之窗，營造一座百花綻放的世界文明公園，
任君遨遊、取菁吸蜜、嘉惠學子！